兔病
诊断与防治新技术

四川省农业农村厅 组编

陈 斌　周明忠　王泽洲 主编

中国农业出版社
农村读物出版社
北 京

内 容 提 要

    本书借鉴了近年来国内外最新兔病研究进展和成果，针对当前新发疫病如兔瘟2型及兔场常见疾病防控的需要，从兔的解剖生理和兔病诊断技术、常用药物与疫苗、兔病的综合防治、病毒病、细菌病、寄生虫病、普通病、中毒和代谢病等多方面出发，系统、全面地介绍了兔病诊断防治的新技术和新方法。本书可供畜牧兽医系统各级科技工作者和大、中专院校师生，科研单位及规模化兔场管理与防疫等有关人员参考使用。

编写人员

主　　编　陈　斌　周明忠　王泽洲

副 主 编　王　印　吴　宣　陈弟诗　李英林

编　　者（按姓氏笔画排序）

王　印　四川农业大学

王　英　四川省动物疫病预防控制中心

王　杰　仁寿县文林镇致爱宠物医院

王　睿　中牧实业股份有限公司成都药械厂

王玉霞　四川省新龙县农牧农村和科技局

王泽洲　四川省动物疫病预防控制中心

文　豪　四川省动物疫病预防控制中心

文萍萍　四川省动物卫生监督所

尹　杰　四川省动物疫病预防控制中心

邓　飞　四川省动物疫病预防控制中心

卢先东　宁波爱基因生物科技有限公司

叶　岚　凉山彝族自治州动物疫病预防控制中心

申咏红　中牧实业股份有限公司成都药械厂

邢　坤　四川省动物疫病预防控制中心

吕　品　中牧实业股份有限公司成都药械厂

任永军　四川省畜牧科学研究院

刘艳彬　中牧实业股份有限公司成都药械厂

刘恩浩　中牧实业股份有限公司成都药械厂

关泽英　四川省动物疫病预防控制中心

李　丽　四川省动物疫病预防控制中心

李　妍　西南民族大学

李　春　四川省动物疫病预防控制中心

李　敏　成都市动物疫病预防控制中心

李　淳　四川省动物疫病预防控制中心

李江凌　四川省畜牧科学研究院

李英林　凉山彝族自治州动物疫病预防控制中心

李明翔　四川博策检测技术有限公司

李金海　华派生物工程集团有限公司

李建臻　成都农业科技职业学院

杨泽晓　四川农业大学

吴　宣　四川省动物疫病预防控制中心

何武忠　四川博策检测技术有限公司

张　毅　四川省动物疫病预防控制中心

张代芬　四川省动物疫病预防控制中心

张永宁　四川省动物疫病预防控制中心

陈　冬　四川省动物疫病预防控制中心

陈　雯　四川瑞派华茜宠物医院

陈　斌　四川省动物疫病预防控制中心

陈弟诗　四川省动物疫病预防控制中心

陈德纯　西南民族大学

邵　靓　四川省动物疫病预防控制中心

范　滨　宁波爱基因生物科技有限公司

岳建国　成都市动物疫病预防控制中心

周明忠　四川省动物疫病预防控制中心

周莉媛　四川省动物疫病预防控制中心

郝力力　西南民族大学

侯　巍　四川省动物疫病预防控制中心

徐　蜜　四川省动物疫病预防控制中心

翁　周　四川省动物疫病预防控制中心

高　露　四川省动物疫病预防控制中心

郭　莉　四川省兽医药品监察所

郭伟伟　青岛易邦生物工程有限公司

唐　川　甘孜藏族自治州动物疫病预防控制中心

黄永军　四川省新龙县农牧农村和科技局

龚文波　华派生物工程集团有限公司

章　健　成都微瑞生物科技有限公司

梁璐琪　四川省动物疫病预防控制中心

鲁志平　成都农业科技职业学院

谢　晶　四川省畜牧科学研究院

楚电峰　青岛易邦生物工程有限公司

蔡冬冬　四川省动物疫病预防控制中心

裴超信　四川省动物疫病预防控制中心

　　四川是传统养兔大省，肉兔存栏、出栏及兔肉产量长期处于全国领先水平。养兔业与其他畜牧养殖产业相比，投入小、管理简单、繁殖快、技术难度不高，已成为广大农村尤其是四川省盆周山区脱贫致富的优选项目，存栏达百、千、万只的规模兔场（养殖户）不断涌现。随着养兔业规模化、集约化程度的不断提高，兔病表现更趋复杂，很多养殖场主的兔病防治新技术知识匮乏，特别是2020年国内首次发生兔瘟2型疫情后，部分养殖户受疫病的影响，对养兔缺乏信心，严重地制约和阻碍着养兔业的健康发展。为此，编撰这本《兔病诊断与防治新技术》，正是适应养兔业发展新形势的需要。

　　本书由作者根据自己多年来的科研、生产和一线实践经验与成果，融汇了国内外研究的最新进展，结合当前养兔业生产水平与现状的实际需要，按照学以致用的原则编写而成。力求做到：既通俗易懂，又不失严谨；既具有较强的科学性和先进性，又具有较强的实用性、针对性和可读性。

　　本书在编撰过程中，得到了四川省财政厅、四川省农业农村厅、四川省科学技术厅等单位领导和专家的大力支持和关心，参考借鉴了前辈和同仁的相关研究成果和文献资料，谨在此表示衷心感谢。本书经多次修改和校正，但因编者水平有限、时间紧迫，书中存在不当和错漏之处在所难免，诚望专家、读者们提出宝贵意见。

编　者

2022年2月

目录

第二篇 各 论

第九章　兔中毒病和代谢病 ································· 188

第一篇

总　论

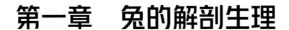

第一章　兔的解剖生理

兔属于哺乳纲，啮齿目，兔科，是一种草食性哺乳动物。兔有体小力弱、胆小怕惊、怕热、怕潮，且喜欢安静、清洁、干燥、凉爽的环境等特点，喜欢独居，白天活动少，大多处于假眠或休息状态，夜间活动多、吃食多，有啃木、扒土的习惯。属于食草类单胃动物，饲养原则是以青、粗饲料为主，精饲料为辅。

兔作为一种小型草食性经济动物，其养殖具有节省粮食、投资少、见效快的特点，既适合规模化舍饲养殖，也非常适宜广大农村农户散养，尤其在一些贫困地区，可将家兔养殖作为脱贫攻坚的措施之一。

第一节　兔的消化系统

兔是草食性动物，它的消化系统与人类的消化系统相比，有很大区别。兔子的消化系统占全身重量的10%～20%。它们的消化道也有特殊的构造，以使难以消化的草食得以分解、发酵、转换为可吸收的营养。

由嘴巴开始进食。由于兔子的前肢不能握紧食物，兔子主要是利用舌头把食物拉来，再用门齿（六颗门齿：四颗在上腭、二颗在下腭）把食物切成小块。之后，食物会被传送到臼齿（十颗前臼齿：六颗在上腭、四颗在下腭。十二颗后臼齿：六颗在上腭、六颗在下腭）磨碎吞下，进入食道。

食糜经过食道后进入胃部。兔子的胃部很大，为单室胃，形状为红腰豆形。胃壁很薄，也欠伸缩性，所以兔子不会呕吐。兔子胃部的位置在横膈和肝的后方，腹腔的前部，下接十二指肠。兔子的胃部可以分为两个部分：一部分没有分泌腺；而另一部分会分泌胃液、消化酵母和黏液。兔子胃部的主要作用是贮存食糜，引导食糜进入小肠中做进一步的消化和吸收。15日龄以内的兔子，其胃酸分泌会比较少，所以它们对一般饲料中蛋白质的消化能力也会比较差；但它们的胃部有一种凝乳酵母，作用是帮助消化母乳。

小肠由十二指肠、空肠和回肠组成；大肠由盲肠、近端结肠、末端结肠和直肠组成。在近端结肠中，比较大的纤维会被分出来，形成粪便；在近端结肠与回肠的交界处，结肠会收缩，把小块的食糜和液体推回盲肠。

小肠是整个消化过程中最主要的部分。果糖、大部分的淀粉质和90%的蛋白质也在小肠中被吸收。小肠包括十二指肠、空肠和回肠。十二指肠的形状呈U形，上接胃部，其pH为7.2，即带碱性，可中和那些从胃部进入的酸性食糜。十二指肠内有从胰腺分泌的消化酵母和胆汁，这种胰腺分泌的消化酵母有助于消化碳水化合物、蛋白质和脂肪，而胆汁对维生素和脂肪的吸收也很重要。经过十二指肠，食糜会进入空肠。空肠是营养物质消化和吸收的重要场所。经过空肠之后，食糜会进入回肠。

大肠可分为盲肠、结肠和直肠三个部分。在回肠和大肠的交界位置，不能消化的纤维就会直接被推进结肠再进入直肠，结肠和直肠会吸收食糜中的水分和无机盐，形成硬的球粪；而可以继续消化的物质，就会进入盲肠中做进一步分解。

兔子的盲肠非常发达，其长度与兔子的身长相当，容量占整个消化道的一半。盲肠内有大量的微生物和有益菌，有助于分解具有厚细胞壁的植物细胞，把未完全消化的食糜发酵，转化成可以吸收的养分。进入盲肠的食糜大多是半液态状（较为湿软），由黏膜包围，带暗绿色，有时候会连起成串状，就像葡萄的样子，因此盲肠便又称葡萄便。盲肠便相比一般的粪便来说，含很高的营养。因为盲肠便是需要再一次进入消化系统再吸收利用的，所以兔子会有吃盲肠便的行为。吃盲肠便是兔子的一种正常行为，如果兔子停止吃盲肠便，就可能是生病了。一般兔子排出盲肠便的数量是粪便总数的50%～80%，大兔子多会在肛门排便时立即将盲肠便吃掉。至于软便的数量是有差异性的，有多也有少，也在于兔子吃什么食物。如果软便太多，软便甚至会粘在兔子的身上，这可能是由于兔子摄取纤维不足或吃的东西难以消化导致的。

第二节　兔的呼吸循环系统

兔呼吸循环系统的器官如同许多其他的器官一般，其大小也直接与兔子的体型大小相关。一方面，兔组织内氧气供给的增加受其心脏大小的限制，而无法通过增加每次心跳时心室打出的血量来达成。另一方面，兔子的心率有相当大的弹性空间，例如：体型小的兔子心率会比体型较大的兔子快，一般兔子的正常心率为每分钟180～250次。

兔子有一个相对较小的心脏,约占全身体重的0.3%。它的右侧房室瓣仅由两片瓣膜构成,而不同于其他动物是由三片瓣膜所构成的。

兔子的肺动脉肌肉肿胀使得它的肺动脉壁较所有其他动物更厚、更结实。兔子的静脉壁则相当薄,因此在抽血及输液过程中,常有血肿的形成。

兔子的呼吸系统由鼻腔、喉头、气管和肺组成。

1.鼻腔 位于脑颅的前部。其前端由外鼻孔连通外界,后端由内鼻孔与咽相通,内鼻孔开口于咽交叉,向后通入喉门。

2.喉头 位于咽的后方,由几块软骨构成。将连于喉头的肌肉除去以暴露喉头。喉腹面为一块大的盾形软骨,是甲状软骨,其后方有一块围绕喉部的环状软骨。将喉头剪下,可见甲状软骨前缘有一块薄匙形的会厌软骨,这是哺乳动物所特有的软骨。环状软骨的背面前端有一对小型的杓状软骨,呈三棱形。这些软骨支持喉头,使空气易于通过。在环状软骨的略下方,喉腔两侧前后各有一对膜状褶,即为声带。

3.气管及支气管 喉头之后为气管,位于食道腹面,管壁由许多半环形软骨支持。气管进入胸腔后,在靠近心脏背侧的位置分成左、右2支气管入肺。

4.肺 位于胸腔内心脏的左、右两侧,呈粉红色、海绵状。左肺又分2叶,右肺则分4叶。

兔子的胸腔相对于腹腔小了许多,因此它们的呼吸主要是依赖横膈膜的收缩。

第三节　兔的泌尿系统

兔的泌尿系统由肾脏、输尿管、膀胱、尿道组成。肾是制尿器官,输尿管为输送尿液的管道,膀胱为暂时储存尿液的器官,尿道是膀胱中尿液向外排出的通道,以尿道内口接膀胱颈,尿道外口通外界,是排出尿液的器官。

1.肾脏 1对,为红褐色、蚕豆形,紧贴于腹腔背壁、脊柱两旁,左肾比右肾靠后。每肾的前端内缘各有一小的、淡黄色扁圆形的肾上腺(为内分泌腺)。除去遮于肾表面的脂肪和结缔组织,可见肾的内侧有一凹陷的肾门。

2.输尿管 由肾门伸出的一条白色细管,与肾血管、神经管相伴行,向后通入膀胱的背侧。

3.膀胱 呈梨形,位于腹腔最后部的腹面,其后部缩小通入尿道。

4.尿道 由膀胱通向体外,用于排尿的管道。雌兔的尿道短,开口于阴道前庭的腹壁上;雄兔的尿道很长,开口于阴茎头,即排尿又兼作输精用。尿液由膀胱经尿道或尿生殖道排出体外。

第四节　兔的生殖系统及繁殖行为

兔达到性成熟的年龄，依其种别的不同而有所差异。小品种的兔子发育得较快速，往往4～5个月就达到成熟期；中等体型的兔子4～6个月成熟；而大品种的兔子则要5～8个月才能达到性成熟。雌兔较雄兔成熟早，雄兔往往要在青春期后40～70天才能达到适当的精子生产及储存量。兔子的繁殖生命期也与品种有关，雄兔是5～6年，雌兔约为3年。

一、雌兔生殖系统及繁殖行为

在雌兔的生殖管腔中缺乏子宫体的存在，但是，两个分离的子宫角却各自拥有一个通往阴道的开口。子宫网膜是一个主要的脂肪储存的所在，雌兔有4～5对的乳腺及乳头，雄兔则无乳头的存在。

1.生殖系统

（1）卵巢　1对，呈长椭圆形，很小，为淡红色，位于肾脏后外侧体壁上。成年雌兔的卵巢表面常有半透明的颗粒状突起，为成熟的卵泡。

（2）输卵管　1对，为细长迂曲的管道，伸至卵巢的外侧，前端扩大呈漏斗状，俗称喇叭口，朝向卵巢，其边缘形成不规则的瓣状缘，开口于腹腔。

（3）子宫　为输卵管后端膨大的部分，左、右两子宫分别开口于阴道，属于双子宫类型。

（4）阴道　为子宫后的肌肉质的宽大直管，位于直肠的腹面、膀胱的背面。其后端延续为阴道前庭，以阴门开口于体外。雌兔的阴道前庭兼有阴道和尿道的功能。

（5）外生殖器官　包括阴门、阴唇及阴蒂等。阴门开口于肛门腹面，阴门两侧隆起形成阴唇，左、右阴唇在前、后侧相连，前联合处还有一小突起，称阴蒂。

2.繁殖行为　兔子是经诱发排卵的，所以没有发情周期。兔子的排卵约发生在交配后10小时。雌兔的交配行为具有脊柱前弯的特性，其背部平坦或向上弯曲、臀部翘起、展示会阴部，并对雄兔的骑乘动作做出适当的反应。

兔子的怀孕期依种类而有所不同，但一般在30～33天。胎儿数则与品种及体型大小有关。首次怀孕所怀的胎儿数往往比其之后的数胎少。荷兰兔等小品种兔子的胎儿数亦较少，每胎有4～5只，而新西兰白兔等大型兔种每胎则可有8～12只。

雌兔的分娩多半是在清晨。在分娩前数天到数小时，雌兔会自腹部、侧面、肉垂等处，将毛拔下做窝。虽然雌兔拔毛处的皮肤看似发炎，但这却是一种正常的行为。

二、雄兔生殖系统及繁殖行为

1.生殖系统

（1）睾丸　1对，呈白色、卵圆形。成年雄兔的睾丸在阴囊内，阴囊和腹腔以腹股沟管相通，睾丸可自由地下降到阴囊中或缩回腹腔。一般在非生殖期位于腹腔内，生殖期坠入阴囊内。

（2）精索　睾丸头端白色的绳索状组织，由输精管、生殖动脉、静脉、神经和腹膜褶共同组成，在前端与输精管相伴行，起固定睾丸和供应营养的作用。

（3）附睾　位于睾丸背侧，是由大而卷曲的管道迂回盘旋形成的一条带状隆起，连接睾丸输出管和输精管。

（4）输精管　是由附睾伸出的白色细管，位于膀胱背面两侧。进入腹腔后，输精管沿输尿管腹侧行至膀胱背面后与尿道合并而成一共同的通道，即泌尿生殖管，从阴茎中穿过，开口于阴茎顶端。

雄兔的两个无毛的阴囊位于阴茎的前方，而不像大多数的胎盘类动物是位于阴茎的后方，这种特征与有袋类动物较相似。兔子没有阴茎骨。兔子的睾丸直到12周龄时才降入阴囊中，但是鼠蹊管却不会封闭。

2.繁殖行为　雄兔在青春期之后就可持续展现性方面的冲动。雄兔交配过程的起始有其特定的基本模式：包括轻闻、互舔、用鼻爱抚、交互理毛，以及跟随雌兔。雄兔也可能显现出摇尾及遗尿，并在求爱过程中将尿液射向雌兔。雄兔快速地骑乘上雌兔，在一系列快速的交配运动后，可成功地将阴茎插入。在雄兔阴茎插入之后，反射性射精几乎立刻发生。这类交配的行动是很强烈的，以致交配结束后雄兔常向后或向侧面摔落，并且可能发出一种独特的叫声。性欲旺盛的雄兔在2～3分钟后可能会再尝试交配一次。

三、皮肤及用于气味标示的腺体

雌性兔子在咽喉附近有一大圈的皮肤皱褶，被称为肉垂。怀孕雌兔会在分娩之前将这一区的毛拔下，铺在巢穴之中。

兔子有极强的领域性。不论公母，都有三组腺体供它们在标示气味时使用：开口位于下颌内侧的特殊下腭腺体——下颌下腺；肛门腺；一对状似口袋、位于会阴的鼠蹊腺。腺体的大小以及标示地盘行为的程度与雄性激素的分泌及性行为的发生次数成正相关。雄兔的标示地盘行为要比雌兔更频繁。

母兔用它们的下颌下腺及鼠蹊腺标示它们所产的幼兔，对不是它们自己的幼兔则会表示敌意。它们极力呵护自己族群的幼兔，对外来的幼兔则激烈地追逐，甚至将其杀死。当幼兔被抹上其他兔子的气味时，会被母兔攻击并杀死。

第二章　兔病诊断技术

家兔疾病防治工作是提高家兔生产力、繁殖力和抗病力的重要环节，是推进现代家兔健康养殖业发展的重要举措。而正确的诊断又是防治动物疾病的先决条件，它是制订合理、高效、安全防治措施的重要依据。中兽医主张问、闻、望、切四步看病，多比临床诊断为主；而现代医学则主要采取问诊和一般检查、系统检查和实验室诊断等方法，以求对疾病做出早期确诊，便于及时采取相应措施。

第一节　诊断学概论

诊断就是将问诊、体格检查、实验室检验、特殊检查乃至病理剖检的结果，根据医学理论和临床经验，再通过分析、综合、推理，对疾病的本质所做出的判断。从广义上讲，还包括对动物及其群体的健康检查以及亚临床诊断，以判断动物是否健康。诊断的基本过程可大致分为3个阶段：调查病史、检查病兔群、收集症状资料；结合分析全部症状资料，做出初诊；实施防治，观察经过，验证并完善诊断。

一、临床检查病兔

基本的方式有问诊、视诊、触诊、听诊及嗅诊。这些方法简单易行，对任何病兔在任何场所均可实施，并且多可直接地、较为准确地判断相关病理变化，所以是临床诊断疾病的最基本的方法。

1.问诊　问诊就是以询问的方式，向饲养人员调查了解患病动物的发病情况及经过。问诊的内容包括以下4个方面。

（1）既往史　主要了解病兔以前的患病情况。

（2）现病历　重点询问本次发病的时间和地点、发病的主要症状、目前的

病情、对本病已采取的措施和效果。

（3）饲养管理情况　首先了解饲料的质量和配合方法，有无突然变更饲料、饲料发霉、偷食现象等。管理方面，要了解发病是否与天气突变有关，是否在污染区放养、受惊吓及运动情况等。如果是母兔，还应了解其怀孕时间、产仔时间、是否顺产、产后情况及泌乳量和乳的质量等。

（4）兔病流行情况　主要了解附近兔群有无类似疾病，特别注意有无传染可能或群发现象，以及疑似疾病的发病率或死亡率。

2.嗅诊　即用鼻嗅闻患病兔的呼出气体、口腔、分泌物及排泄物有无特殊气味。

3.视诊　用医生的视觉直接或间接（借助于光学器械）地观察病兔的状况与病变。视诊主要内容有：观察病兔的体格、发育、营养、精神状态、体位、姿势、运动及行为等；观察体表、被毛、黏膜，有无创伤、溃疡、疮疹、肿块以及它们的部位、大小、特点等；观察与外界直通的体腔，如口腔、鼻、阴道、肛门等，注意分泌物、排泄物的量与性质；注意某些生理活动的改变，如采食、吞咽、排尿、排便动作变化等。

除了对患病动物的观察外，还应对周围环境情况进行观察。

4.触诊　用检查者的手或借助于器械（包括手指、手背、拳头及胃管）检查病兔的一种方法。检查者在进行触诊时应注意自身安全，必要时对病兔进行保定。触诊兔的四肢及腹下等部位时，一手放在兔体的适宜部位做支点，另一手进行检查；检查顺序应从前往后、自上而下地边抚摸边接近被检部位，切忌直接突然接触被检部位。检查某部位的敏感性时，宜按照先健康区后病部、先远后近的顺序进行，注意与对应部位或健康区比较。触诊前应先遮住病兔的眼睛，注意保定时不能引起病兔疼痛或妨碍其表现反应动作。该法主要用于以下两种情况。

（1）检查体表状态　常用手指、手掌或手背接触皮肤进行感知，检查病兔体表的温度、湿度、皮肤弹性或某些器官的活动情况（如心搏、脉搏）。

（2）通过体表检查内脏器官　常用手指轻压或揉捏，检查病兔浅表淋巴结的大小、形状、硬度、敏感性及其在皮下的可移动性。急性淋巴结肿胀表现体积增大，并有热、痛反应，较硬，化脓后可有波动感；慢性肿胀无热、痛反应，较坚硬，表面不平，且不易向周围移动。

以刺激为目的来判定兔的敏感性时，触诊应注意观察兔的反应及头部、肢体的动作，如兔表现回视、躲闪或反抗，常是敏感、疼痛的表现。

5.听诊　听诊是利用听觉直接或借助于听诊器听取动物内脏器官在生理或

病理过程中产生的音响。直接听诊主要用于听取病兔的呻吟、喘息、咳嗽、嗳气、咀嚼以及特殊情况下的肠鸣音等、听诊应在安静环境下进行，听诊器要放好，听诊时要聚精会神。

二、临床检查程序

对于门诊动物，检查程序包括问诊和现症检查。

1.问诊　问诊可在病畜登记之后进行，也可在登记之前进行，具体参见基本临床检查方法。

2.现症检查　主要包括整体及一般检查，如：观察病兔体格、发育、营养、精神状态、体位、姿势、运动及行为，对被毛、皮肤及皮下组织、眼结合膜、浅表淋巴结的检查，体温、呼吸及脉搏的测定等。

第二节　一般检查

主要包括对病兔的外貌、可视黏膜、皮肤、淋巴结、体温、呼吸、心跳次数、精神状态、食欲、粪尿等的检查，了解一般情况，得出初步印象，然后再重点深入进行分析判断。

一、体温检测

测体温是临床上广泛应用的重要检查方法之一。测温对于早期诊断和群体检查有意义，对分析判断病情有重要意义。有经验的人用手触摸耳根、胸侧，可基本判断病兔是否发热，但不如体温表测温准确。

健康家兔的体温为38.5～40℃，平均为39.5℃。影响家兔体温的因素很多，同一只兔在不同时间（早、中、晚）、不同季节、不同年龄以及不同生理状况下体温会有差异，体温还受到品种、性别、营养、生产性能等因素影响。

出现高热时，多属于急性全身性传染病；无热或微热多为慢性疾病；大失血或中毒或死前衰竭时，病兔体温低于常温。

二、呼吸、脉搏的测定

健康家兔每分钟呼吸38～65次（平均为50次），幼兔呼吸次数更高，仔兔可超过100次/分钟，影响呼吸次数的主要因素有年龄、性别、品种、营养、妊娠、环境温度等，在分析病理性呼吸加快或减慢时，要排除这些因素的影响。

检查呼吸要看病兔的鼻翼翕动或腹部起伏，也可用听诊器在胸壁听诊。病兔患呼吸道感染肺炎、胸膜炎、中暑、急性传染病时，呼吸次数增加，且伴有呼吸困难或啰音、喘鸣音。若病兔存在中毒、上呼吸道狭窄、麻痹等可出现呼吸数减少。

健康兔的脉搏为成年兔80～100次/分钟，幼兔100～160次/分钟。脉搏的变化与年龄、性别、品种、生产性能、气温等有关。检查部位可在肱骨内侧绕动脉进行触诊，也可用手紧贴左侧肘头上方胸壁触摸，或用听诊器听诊。脉搏检查除计数外，还要注意心搏节律、性质（如"浮""沉""迟""滑""涩"等之分）等。

三、外貌观察

外貌检查主要观察家兔的精神状态、体格、姿势、行为、性情、采食、营养状况等，应在安静无惊慌骚动的情况下进行。

1.精神状态　通过观察家兔的姿势、举动（行为表现）、眼神、对外界的反应来判断。健康兔两耳灵活转动、嗅觉灵敏、两眼有神；稍有任何来自环境或人的响动时，兔子会立刻抬头，两耳耸立、耳朵转动，小心分辨外界情况；如感受到威胁受到惊恐，兔子则会以后足使劲拍打地面，表现非常不安，会在笼内乱窜，带仔的母兔还会变得具有攻击性，正在产仔的母兔可能发生吃仔的现象。发病的兔子则会出现精神抑郁、反应迟钝、低头垂耳、呆立、对周围环境无任何反应等异常表现。

2.姿势　在正常情况下，家兔行动、起卧等行为都有固有的自然姿势。健康兔蹲伏时前肢伸直相互平行，后肢放于体下，由抓住笼底上的后肢跖趾负重，行动时臀部抬起，轻快敏捷。除采食外，家兔白天大部分时间处于假寐和休息状态，天气热时常伏卧、伸长四肢，天气冷时则蹲伏、全身蜷缩。假寐时，双眼半闭、呼吸轻微，稍有动静则立即睁眼。休息时双眼睁开，完全清醒，呼吸均匀。完全睡眠时双眼全闭、呼吸微弱。如出现跛行或异常姿势（反常站立、伏卧、运动）则说明中枢神经出现病症，器官机能障碍或骨骼、肌肉、内脏有疾患。通过对兔的各种姿势的检查和观察，对确诊神经系统、运动系统和肌肉系统疾病有重要意义。

3.营养　通过视诊、触诊、称重等方法进行营养检查，根据肌肉、皮下脂肪、被毛状况等可分为营养良好、营养中等、营养不良三种情况。引起营养不良的原因可能是饲料利用率下降、由于生产力（产乳、产毛、妊娠）需要造成的负氮平衡，或慢性消化不良、代谢紊乱、感染寄生虫病等。营养不良表现为兔极度消瘦、产毛量下降、剪毛期延长。如果饲料合理搭配、全价饲养、精细管理，则营养良好、产毛量增加、肉兔育肥期缩短、皮下脂肪丰满。

4.性情　根据家兔对环境变化所采取的反应判断性情有无异常，可分为性情温和与性情暴躁两种情况。不同品种、不同年龄、性别、个体差异、饲养环境等都会影响家兔性情。但是如果出现性情的变化，比如原来温驯突然变为暴躁或出现咬癖、食仔癖等异常表现，一般说明家兔出现病态反应。环境变暗会抑制斗殴，使公兔性欲降低。

四、皮肤检查

检查被毛和皮肤的温度、湿度、弹性、气味、色泽等情况，通过视诊和触诊对以上情况进行检查。健康的家兔皮肤坚实、被毛富有弹性有光泽，一般每年春、秋季各换毛一次，营养不良时会出现换毛延迟。患病或代谢紊乱时可出现局部或全身脱毛。被毛若出现枯焦、粗乱、蓬松、脱落等，则为病态表现。疥癣、脱毛癣、湿疹等也会引起脱毛。兔毛质量下降、生长缓慢也可能由慢性消耗性疾病引发。通过触摸耳朵感受皮温的变化、观察耳朵的颜色，也可判断兔的健康状况：耳朵过红是发热、中暑、血液循环过速的表现，耳朵蓝紫或发绀表示家兔中毒或受寒，苍白表示家兔贫血消瘦或患有慢性传染病，发黄则表示黄疸等。

还应注意观察家兔皮肤完整性，有无出血、结痂、脱屑、红肿溃疡，有无水肿、气肿、丘疹、水痘、脓肿、疤痕、褥疮及肿瘤等。

五、黏膜的检查

口、鼻、眼、肛门、阴户等黏膜都可以进行检查，最容易检查的是眼结膜。正常时呈粉红色。眼结膜颜色的病理变化通常有以下四种情况。

1.结膜潮红　虹膜呈弥漫性潮红，是充血现象；呈暗红色表示循环血中氧不足，二氧化碳增加，常见于急性热性病和伴有高度呼吸困难的疾病；局限性潮红，并表现明显的树枝状充血，是血管高度扩张的结果，常见于脑部充血、心脏疾病或淤血性肺部疾病；呈斑点状出血，常由微血管破损和通透性改变引起，多见于慢性出血性疾病和急性传染性疾病。

2.结膜苍白　结膜苍白是贫血的表现，有微白、黄白、苍白之分。逐渐变白见于慢性消耗性疾病（如贫血、消化不良、寄生虫病、慢性传染病），急性苍白见于大出血（如去势后创口迸裂以及肝、脾破裂等）及其他性质的严重内出血。

3.结膜发黄　结膜发黄，可见于各种肝炎溶血性疾病、黄曲霉中毒、钩端螺旋体病等。

4.结膜发绀　呈蓝紫色，是高度缺氧所致，多见于肺炎、肺气肿、中毒病、心力衰竭等。

除了检查黏膜的颜色外，还需要注意有无眼睑肿胀、有无眼分泌物（浆液性、黏液性或脓性）、角膜浑浊或角膜翳、瞳孔散大或缩小等情况。

六、淋巴结检查

淋巴系统在免疫学上有重要作用，家兔体表的浅淋巴结甚少，平时不易摸到。检查淋巴结一般使用触诊和视诊，必要时进行穿刺检查。

如果发现颌下淋巴结、肩前淋巴结、股前淋巴结等发炎肿胀，说明家兔患有急性感染；如果发生化脓，则淋巴结变软、变薄，皮肤紧张；如果淋巴结增生、无热无痛，则病兔可能是患有结核病或者肿瘤等。

第三节　系统检查

一、消化系统检查

家兔的胃液酸性强，盲肠发达，消化能力很强。兔的夜间采食量为全天的3/4，并有吃夜粪的习性。家兔采食频繁，吃得多而快，常咀嚼不停，食欲旺盛。

如果出现食欲减退，表明家兔出现胃肠机能障碍；食欲废绝是疾病加剧和预后不良的征兆；食欲不定由慢性消化器官疾病引起；食欲亢进多见于重病后的恢复期、物质代谢障碍及寄生虫病；食欲反常，舔舐粪、尿、泥土、被毛或母兔吞食胎儿等，可能是缺乏微量元素或维生素等。如果饮水增加，多见于热性病、腹泻、胃肠炎、呕吐和慢性肾炎；饮水减少多见于胃肠卡阻、腹痛、消化不良。

还需要检查家兔口腔黏膜是否正常、有无流涎现象、腹部有无异常膨大，如膨大有可能是食滞或胀气。如果家兔长期饥饿、营养不良或患有慢性病时则可见腹部容积缩小。

检查粪便时要注意排便次数、持续时间、间隔时间和所排粪便的形状、数量等。健康兔的粪便大小均匀，如豌豆大小，光滑，呈茶褐色或褐黄色，无黏液、血液。如果发现粪便干硬细小、粪量减少或停止排粪、触诊腹内有干硬粪球时，为便秘的表现。如果出现粪便稀薄如水或有出血现象，表明肠道有炎症。感染球虫病、发生结肠阻塞时，可引起胀肚。

二、呼吸系统检查

呼吸系统疾病是家兔养殖中的常见病。因此对呼吸系统的检查对诊断兔病有重大意义。

健康家兔的鼻孔干燥，周围被毛洁净，呼吸有规律，有力且均匀平稳。检查时应注意鼻孔有无分泌物、鼻液的性质（浆液性、黏液性或脓液性）和数量、有无泥土附着。注意检查鼻腔黏膜颜色，是否充血、肿胀，有无咽喉、气管炎或异常呼吸音，有无喷嚏、咳嗽表现及咳嗽的性质（干咳、湿咳、痛咳），还可以进行肺部听诊，查明肺、支气管和胸膜的机能状况。

三、血液循环系统检查

心脏位于左侧胸壁第2～4肋间，检查家兔心音频率、性质、强度、节律、有无杂音等，可帮助诊断和推测预后。

检查脉搏的次数、节律、强度、性质也可以帮助判断疾病的性质。

四、泌尿生殖系统检查

某些传染病、寄生虫病、中毒或代谢障碍等都会使家兔泌尿器官发生病变。根据家兔排尿的量、次数、姿势及尿液性质等可以判定泌尿系统的状况。正常家兔以每千克体重计，每日平均约排尿20～350毫升（平均为130毫升），兔尿比重为1.003～1.036，幼兔尿液为无色、清亮、不含沉淀的液体，当开始采食青草和精料后，尿液开始出现颜色变化并有沉淀出现，尿液呈碱性（pH为8.2）。成年兔尿液中有白色沉淀物，系正常现象。

排尿次数、排尿量、排尿姿势、尿液的理化性质等都能反应病理状况。家兔患有膀胱炎或阴道炎时，其尿道、膀胱黏膜的兴奋性增加，排尿次数增加，严重时会出现尿频和尿淋漓；急性肾炎、呕吐、下痢、大量出汗以后，排尿次数减少，尿颜色深、比重大、沉淀多；膀胱麻痹、括约肌痉挛、尿道结石时会出现尿闭、重剧性肾炎；肾脏泌尿停止时可见无尿；排尿带痛是尿路有炎症的表现；尿失禁见于腰椎脊柱损失或括约肌麻痹等。

检查母兔时，还应注意乳房发育情况及乳头数目、有无乳房肿胀或乳头受伤、外生殖器有无炎症或其他异常情况。

种公兔除了注意体质等观察外，还要注意睾丸发育情况。

五、神经系统检查

通过观察家兔机能状态的异常变化，判定神经系统疾病的性质。

1.精神状态的检查　家兔感染中耳炎、急性病毒性出血热、中毒病、寄生虫病等，都可能出现神经症状。家兔中枢神经系统机能紊乱时，表现兴奋不安或沉郁、昏迷。兴奋表现为狂躁、不安、惊恐、蹦跳、或做圆圈运动、偏颈痉挛。精神抑郁表现为家兔对外界刺激的反应性减弱或消失，按其表现程度不同分为沉郁（眼半闭、反应迟钝，见于传染病或中毒病等）、昏睡（陷入睡眠状态、躺卧，需强刺激如电流或针刺激才能清醒）和昏迷（卧地不起，角膜或瞳孔反射消失，肢体松弛，呼吸、心跳节律不齐，见于严重中毒或濒死期）。

2.运动机能的检查　健康家兔能保持运动的协调性，一旦染病造成中枢神经受损，则会出现共济失调（见于小脑疾患）、运动麻痹（见于脊髓损伤造成的截瘫或偏瘫）、痉挛（肌肉不能随意收缩的阵发性痉挛见于中毒、缺钙或幼兔维生素缺乏；强直性痉挛见于破伤风或中毒）等。痉挛涉及广大肌肉群时称抽搐；全身阵发性痉挛并伴有意识消失称为癫痫。

第四节　病料的采集

为了确诊疾病，经常需要进行实验室诊断，因此病料的采集非常重要。一般实验室检查主要是针对组织、血液、尿液和粪便的检查。挑选被检病、死兔时，应选能代表全群发病症状的、不同发病阶段的、活的或刚死的病兔。送检数量一般为3～5只。

病理材料的采取要注意以下情况。

（1）合理取材。第一，怀疑某种传染病时，应采取该病常侵害的部位。第二，提不出怀疑对象时，应采取全身各器官组织。第三，败血性传染病，如巴氏杆菌病等，应采取心、肝、脾、肺、肾、淋巴结及胃肠等组织。第四，专嗜性传染病或以侵害某种器官为主的传染病，应采取该病侵害的主要器官组织，如副结核病采取有病变的肠段、布鲁氏菌病等表现流产的疾病采取胎儿和胎衣、狂犬病采取脑和脊髓、口蹄疫采取水疱皮和水疱液。第五，检查血清抗体时，应采取血液，分离血清，装入灭菌小瓶送检。

（2）除送检样品外，最好多做几张涂片，并分离血清（必要时采双份血清）送检。

（3）所采病兔的样品最好是未经抗菌药物治疗者。

（4）病兔死后要立即取材。夏天最迟不超过2～6小时，冬天不超过24小时，供作切片样品采取后必须立即投入固定液。

（5）疑有炭疽时不宜解剖。

（6）避免杂菌污染。病料采集所用器械、容器应事先灭菌，严格遵守无菌操作。

（7）有条件做现场培养时，剖开尸体后应先进行接种培养，然后采样，最后剖检。

（8）做好采集人员的个人防护与环境消毒工作。

（9）样品稳妥包装，低温保存。

第五节　血液、尿液、粪便检查

一、血液检查

从耳静脉采血时，顺便观察血凝时间。健康家兔血液正常值如下。

全血容积：每千克体重57～78毫升。

血浆容积：每千克体重28～51毫升。

红细胞数目：（4～7.2）×10^6个/毫米^3。

血小板：（250～270）×10^3个/毫米^3。

血红素：$(10 \sim 15.5)$ 千克/百毫米^3。

白细胞数目及分类如下。

白细胞总数：$(9 \sim 11) \times 10^3$ 个/毫米^3。

多形核中性粒细胞：$20\% \sim 75\%$。

淋巴细胞：$30\% \sim 85\%$。

嗜酸性粒细胞：$0 \sim 4\%$。

嗜碱性粒细胞：$2\% \sim 7\%$。

单核细胞：$1\% \sim 4\%$。

红细胞数增多一般为机体脱水造成的血样浓缩，使红细胞数相对增多，多见于剧烈腹泻、渗出液的形成、广泛性水肿以及发热性疾病、传染病等。红细胞数减少也见于引起贫血的各种疾病：如消化道寄生虫病、白血病、某些中毒以及营养不良等。

白细胞数量增多常见于各种细菌感染性疾病，某些中毒病、疫苗注射后也可能发生，白血病也可见这种情况；白细胞减少见于某些病毒性疾病以及慢性中毒；白细胞数急剧下降，表示病情严重，预后不良。

当进行白细胞分类计数时，中性粒细胞增多见于某些急性和慢性细菌性传染病，减少则见于病毒性疾病。嗜酸性粒细胞增多见于某些内寄生虫病、某些过敏性疾病、湿疹、疥癣等皮肤病，减少则见于毒血症、尿毒症、中毒、饥饿等。淋巴细胞增多见于某些慢性传染病、急性传染病的恢复期及某些病毒性疾病。

二、尿液检查

1. 尿液的物理检查　可以通过观察尿液的颜色（成年兔尿浑，呈黄白色，幼兔尿液清亮无色）、透明度（有无黏液、血液及脱落上皮）、黏稠度、气味（酮血症有氯仿味，尿路溃疡有腐败气味，膀胱炎有氨味）、比重（比重增高见于热性病及下痢脱水，比重降低见于慢性肾炎及服利尿剂后）。

2. 尿的化学分析检查　检查家兔尿液pH（正常为8.2）、尿蛋白，并从尿沉渣显微镜检查有无上皮细胞和血细胞、管形及无机物结晶。

三、粪便检查

粪便检查包括物理、化学及显微镜检查。显微镜检查主要检查粪便中的球虫卵和其他寄生虫虫卵及幼虫；化学检查主要检查粪便的pH、隐血及胆色素等；物理检查主要检查粪便的颜色、硬度、气味及混杂物。粪便颜色因饲料种类不同及胆汁分泌量而异，兔粪正常为黑绿或绿褐色，呈球形、湿润；若为鲜红色，可能为后肠道出血；如为暗红色，表示胃及前段肠道出血；如粪色淡或为灰白色，表示存在胆汁排出障碍，见于阻塞性黄疸。粪的硬度随饲料中水分及植物中纤维多少而异，正常为小球状，感染疾病后粪便为干硬、两端尖或稀薄乃至水样，并混有黏液、脓血，气味腥臭。

第六节　传染病的诊断

家兔传染病是兔病中最重要、危害最严重的疫病，应尽量做到早期诊断，为防治提供依据。

诊断方法有多种，如临床、流行病学、微生物学及免疫学的诊断方法等，为做出正确诊断，往往需要根据不同传染病的特点，采取不同的诊断方法。

一、流行病学诊断

通过调查询问、搜集有关资料等进行分析研究，主要内容包括以下几个方面。

（1）家兔来源，包括原输出地区有哪些传染病，到达本地后最初发病的时间、地点、季节、传播速度及蔓延情况，发病年龄、性别、品种及感染率发病率和死亡率等。

（2）家兔饲料、饮水来源、饲料调制方法、饲喂制度及管理情况、卫生条件等。

（3）发病史、预防注射等情况。

（4）邻近地区有无疫情。

（5）临床症状、剖检变化及治疗效果。

（6）地理、地形、河流、交通、气候、昆虫及环境等。

二、临床诊断

临床诊断是最基本、最适用的诊断方法，包括问诊、视诊、触诊、听诊、嗅诊等方法进行一般检查。方法及检查内容同前所述。

三、病理解剖学诊断

每种传染病一般都具有其特殊的病理变化，通过尸体剖检可以了解体内各个器官的病理形态学变化，如巴氏杆菌病有肺出血、充血、水肿（但脾不肿大）等变化，能和其他疫病区别。还可以采取组织做切片进行病理组织学观察。

四、微生物学诊断

这是查明病原体的重要手段，采取送检病料时必须注意无菌操作，所用的刀、剪、容器等都需要事先消毒，根据需要采取病料。送检病料必须快速、冷藏，若短时间内不能送到，需加保护液。

1.显微镜检查　对巴氏杆菌、结核分枝杆菌、葡萄球菌、链球菌、螺旋体等易做出可靠结论，对多数病原菌只能提供进一步检查的线索和参考。

2.分离鉴定　从被检病料中分离病原体，进行形态学、培养特性、生化特性检查，有时结合病料触片（或涂片）镜检、动物试验和血清学等检查做出鉴定。

3.动物试验　按照分离鉴定要求取材后，用病料制成1∶10的生理盐水悬液，选择适合途径接种于易感动物（如小鼠、豚鼠、仓鼠、兔等），如疑为病毒病应在每毫升病料悬液中加入青霉素、链霉素各1 000单位，于4℃冰箱中作用4～6小时后再接种，被接种动物应健康无病，未经免疫者接种后要按照常规方法饲养管理，定期检测体温。如有死亡，立即解剖进行病理学、组织学、细菌学、病毒学检查。根据被接种动物的致病力症状、病理变化来辅助传染病的确诊。有条件时，还要进行鸡胚或组织培养，以确定是何种病毒。

五、免疫学诊断

免疫学诊断是一种重要的诊断技术，现在已经有很多灵敏、快速、简易、准确的免疫学诊断方法，如利用凝集反应、沉淀反应、补体结合反应、中和反应、琼脂扩散反应、变态反应等原理的诊断方法，还包括新发展的荧光抗体技术、酶标记技术、葡萄球菌A蛋白-协同凝集技术、放射免疫、单克隆抗体技术、DNA芯片技术等新技术，都能对疾病诊断起到重要作用。

六、核酸检测诊断

随着分子生物学技术的发展，一些检测核酸的方法不断被推广应用，分子生物学技术对病原基因的检测更加精确和灵敏，已被广泛应用到病原微生物的检测和诊断。对于没有体外稳定培养细胞系的兔出血症病毒（RHDV）来讲，通过对病原的核酸检测进行确诊是一种方便、快速、可靠的方法，并且敏感性高、特异性强、具有稳定的重复性，常用的方法有聚合酶链式反应（RT-PCR）、荧光定量PCR方法(RT-qPCR）以及微流控芯片技术等。

第三章 常用药物与疫苗

第一节 抗微生物药

药物是指能影响机体生理、生化和病理过程，用以预防、诊断、治疗动物疾病的物质。抗微生物药物是指用来防治病原微生物所致的动物传染性疾病的一类药物。这类药物或通过直接杀灭病原微生物，或通过抑制病原微生物的生长繁殖来发挥其疗效。抗微生物的药物有抗生素、磺胺类药物、呋喃类药物、喹诺酮类药物等以及部分中草药。

一、抗生素

抗生素，曾称抗菌素，因发现有些抗菌素除抗菌外，还具有抗病毒、抗肿瘤和抗寄生虫的作用，故改称抗生素。抗生素是从某些微生物培养液中提取的有杀灭或抑制其他微生物生长作用的一类药物。这类药物现已有不少品种能人工合成或半合成。抗生素抑菌或杀菌的作用方式主要有以下4种：阻碍细菌的细胞壁合成、损坏细菌的细胞膜、影响细菌的细胞蛋白质合成和抑制细菌的核酸合成。

1.青霉素类 常用的抗生素有青霉素G（氨苄西林）、阿莫西林（羟氨苄青霉素）。

2.头孢菌素类 根据抗菌作用特点和临床应用不同，可将头孢菌素分为4代。第一代头孢菌素（包括头孢噻吩、头孢唑啉、头孢噻啶、头孢拉啶、头孢氨苄、头孢羟氨苄等），对革兰氏阳性菌的作用强，对革兰氏阴性菌的作用较弱，对肾脏毒性大。第二代头孢菌素（包括头孢孟多、头孢呋辛等），对革兰氏阳性菌的作用与第一代相似，对多数革兰氏阴性菌的抗菌活性增强，但比第三代弱，对肾脏毒性较小。第三代头孢菌素（包括头孢氨噻、头孢曲松、头孢哌酮等）对革兰氏阳性菌的抗菌效力不及第一、二代，但对革兰氏阴性菌包括绿脓杆菌和肠杆菌属均有较强的杀菌作用；还有一定量的药物可渗入脊液中，对脑部感染有效；对肾脏基本无毒。第四代头孢菌素，近年才用于临床，价格昂贵。

3.大环内酯类　临床上以红霉素、泰乐菌素等较为多用。

二、磺胺类药物

磺胺类药物是最早用于抗感染的人工合成药品，具有抗菌谱广、性质稳定、易于生产、价格低廉、使用保存方便、有多种制剂可供选择等优点。特别与抗菌增效剂合用后，抗菌效力增强，使磺胺类药物的临床应用有了新的广阔前景。

磺胺类药物属广谱慢效抑菌药，通过干扰敏感菌的叶酸代谢而抑制其生长繁殖。对大多数革兰氏阳性菌和某些阴性菌有抑制作用。其中，对磺胺类药物高度敏感的有溶血性链球菌、肺炎球菌、脑膜炎双球菌、沙门氏菌、化脓棒状杆菌、流感杆菌等；中度敏感的有葡萄球菌、大肠杆菌、炭疽杆菌、巴氏杆菌、肺炎杆菌、痢疾杆菌、变形杆菌、李氏杆菌、肺炎杆菌等；某些放线菌对磺胺类药物也敏感。

对磺胺类药物敏感的细菌，都可对磺胺类药物产生耐药性。当用量不足或疗程过短时细菌对磺胺类药易产生耐药性，以葡萄球菌较为多见，其次是链球菌、肺炎球菌、痢疾杆菌、大肠杆菌、巴氏杆菌等。所以，在应用时必须有针对性地选药，避免滥用，并给予足够的剂量。如发现细菌有耐药性，应立即改用抗生素。各种磺胺药之间有交叉耐药性，但与其他抗菌药之间无交叉耐药性，与抗菌增效剂联合应用可延缓耐药性的产生。合理使用本类药物时，一般不会出现不良反应，但对体弱或幼龄家兔或长期大剂量给药时，有可能出现不良反应。根据临床应用，可将磺胺类药物分为以下3类。

1.用于全身感染的磺胺类药物　常用的有磺胺嘧啶、磺胺二甲嘧啶、磺胺甲基异恶唑、磺胺对甲氧嘧啶、磺胺间二甲氧嘧啶、磺胺间甲氧嘧啶等。本类药物内服后由胃肠道迅速吸收，进入血液循环后，血药浓度高，并广泛分布于肝、肾、胎盘和乳腺等组织器官。与甲氧苄啶配合应用可提高疗效，缩短疗程。适用于呼吸道、生殖道、泌尿道和全身性敏感菌感染。

2.用于肠道感染的磺胺类药物　常用的有磺胺脒、酞磺胺噻唑、琥珀酰磺胺噻唑、复方磺胺甲基异恶唑等。本类除磺胺甲基异恶唑外，其他口服后在肠道内难吸收，故消化道内浓度高，适用于治疗幼兔肠炎等，临床中常与二甲氧

苄啶配合应用。

3.外用磺胺类药物　常用磺胺醋酰、磺胺嘧啶银、磺胺米隆等。外用于皮肤、黏膜的绿脓杆菌、大肠杆菌感染等，促进创面干燥、结痂并愈合。

三、喹诺酮类药物

喹诺酮类药物是一类人工合成的抗菌药，主要有依诺沙星、环丙沙星、恩诺沙星等。它们对肠杆菌科细菌、绿脓杆菌、革兰氏阳性菌等都有较强的抗菌作用。本类药物具有抗菌谱广、杀菌力强、与其他抗菌药无交叉耐药性、疗效高、不良反应少等优点。除了用于尿路感染外，还可用于全身严重的细菌感染。其中有些品种为动物专用药物，如恩诺沙星和达诺沙星，已广泛用于兽医临床，对于防治畜禽感染性疾病均有良好效果。

四、抗真菌药

真菌也称为霉菌，根据其感染部位的不同，可分为浅表感染和深部感染。前者常见的致病菌有毛癣菌、小孢子菌、表皮癣菌等，主要侵犯家兔皮肤、趾甲，引起表皮的各种癣病。后者常见的致病菌有念珠菌、曲霉、组织浆菌等，主要侵犯家兔深部组织和内脏器官，引起炎症和坏死。常用的抗真菌药物有两性霉素 B 和制霉菌素、克霉唑等。

五、抗菌中草药

抗菌中草药多属清热药，具有不同程度的抑菌和杀菌功效。其抗菌作用主要体现在两方面：一是直接抑制或杀灭细菌、病毒、真菌等病原微生物；二是通过直接或间接地提高动物机体的免疫功能来达到消灭病原微生物的作用。

大多数中草药为广谱抗菌药，对动物感染性疾病有预防和治疗作用。常用中草药有：板蓝根、大蒜、黄连、金银花、黄芩、穿心莲、鱼腥草、连翘、紫花地丁、野菊花等。

六、抗病毒药

病毒性疾病严重危害人畜健康，在兽医临床上还缺乏高效的治疗手段。许多在临床应用的抗病毒药疗效并不突出。现有的一些药物也主要是阻止病毒穿入宿主细胞和干扰病毒的复制，因而主要用于有限的预防。常用的有吗啉胍（病毒灵）、金刚烷、利巴韦林（三氮唑核苷、病毒唑）、干扰素等。

七、消毒防腐药

消毒防腐药是指一组用于抑制或杀死动物体表及周围环境中病原微生物的抗微生物药。消毒药是一种能迅速杀灭病原体的药物。防腐药是一种能抑制微生物生长繁殖的药物，其作用比较缓慢。防腐为抑菌作用，而消毒为杀菌作用，临床上二者无严格的界限。许多药物在低浓度时有抑菌作用，高浓度时有杀菌作用。因而，把这类药物统称为消毒防腐药。消毒防腐药的作用与抗生素不同，没有严格的抗菌谱。这类药物在可抑制或杀灭病原体的浓度下，往往也会损害动物机体。所以，通常不将其作为内用药，主要用于体表、器械和环境的消毒。消毒防腐药为兽医临床上常用的药物。

环境消毒药常用的有过氧乙酸、煤酚（甲酚）、氢氧化钠（苛性钠）、甲醛溶液、氧化钙（生石灰）、漂白粉（主要成分为次氯酸钙）、二氯异氰尿酸钠（优氯净）。

皮肤、黏膜及创伤消毒药常用的有新洁尔灭（苯扎溴铵）、乙醇（酒精）、过氧化氢溶液（双氧水）、洗必泰、度米芬、高锰酸钾等。

第二节　抗寄生虫药

抗寄生虫药是指能杀灭或驱除动物体内、外寄生虫的一类药物。本类药物种类较多，应合理选择、正确运用。良好的抗寄生虫药应具备安全、高效、广谱、价廉、给药方便、无残留、不易产生耐药性等特点。根据药物作用的对象和特点，可将抗寄生虫药物分为抗蠕虫药、抗原虫药与杀虫药3类。

1.抗蠕虫药　抗蠕虫药是指能杀灭或驱除动物寄生蠕虫的药物，也称为驱虫药。抗蠕虫药可分为驱线虫药、驱吸虫药和驱绦虫药。

（1）驱线虫药　常用的有左旋咪唑、阿苯达唑、伊维菌素、阿维菌素、哌嗪等。

（2）驱吸虫药　常用的有六氯对二甲苯、硝硫氰胺、吡喹酮、硝氯酚等。

（3）驱绦虫药　常用的有硫氯酚、氯硝柳胺等。

2.抗原虫药　抗原虫药是防治畜禽球虫病、焦虫病、锥虫病及其他单细胞

原生动物引起的疾病的一类药物。这类药物主要分为抗球虫药、抗锥虫药、抗焦虫药。

（1）抗球虫药　常用的有磺胺喹𫫇啉、氨丙啉、氯苯胍、二硝托胺、地克珠利、莫能菌素、盐霉素等。

（2）抗锥虫药　常用的有喹嘧胺、萘磺苯酰脲、三氮脒等。

（3）抗焦虫药　常用的有盐酸吖啶黄、硫酸喹啉脲等。

3.杀虫药　杀虫药是具有杀灭动物体外寄生虫，如虱、螨、蜱、蚊、虻、蝇及蝇蛆的作用的一类药物。杀虫药的毒性较其他兽用药物大，使用前必须先熟悉药物特性，选择最佳使用方法，严格控制剂量和药物浓度。杀虫药可分为有机氯杀虫药、有机磷杀虫药、拟除虫菊酯类和其他4类，其中有机氯制剂我国已明文规定禁止使用。

（1）有机磷杀虫药常用的有敌百虫（美曲膦酯）、倍硫磷、氧硫磷、二嗪农等。

（2）拟除虫菊酯杀虫药常用的有二氯苯醚菊酯、除虫菊酯、溴氰菊酯、双甲脒、鱼藤酮等。

第三节　疫　苗

一、疫苗的概念和种类

凡是具有良好免疫原性的微生物（包括寄生虫），经繁殖和处理后制成的制品，用于接种动物能使其产生相应的免疫力、能预防疾病的一类生物制剂，均称为疫苗。除一般活菌（毒）疫苗、灭活苗外，还包括类毒素、类毒素与菌体混合疫苗、亚单位疫苗、基因缺失苗、活载体疫苗等。

1.灭活苗　又称为死疫苗，是将含有细菌或病毒的材料利用物理或化学的方法处理，使其丧失感染性和毒性而保持有免疫原性，并结合相应的佐剂，动物接种后能产生自动免疫、预防疾病的一类生物制品。灭活苗在机体内不能生长繁殖，灭活苗稳定、易于保存、无毒力回复突变危险。

2.弱毒疫苗　是微生物的自然强毒株通过物理的、化学的和生物学的处理方法，连续传代，使其对原宿主动物丧失致病力，或只引起亚临床感染，但仍保持良好的免疫原性、遗传特性的毒株制备的疫苗。此外从自然界筛选的自然弱毒株若同样具有上述遗传特性，也可以用来制备弱毒疫苗。活疫苗在机体内可生长繁殖，如同轻度感染，故接种次数少、用量较小，接种后不良反应亦小。活疫苗的缺点是稳定性较差、不易保存、有毒力回复突变可能，故必须严格制备和鉴定。

3.单价疫苗　利用一种微生物菌（毒）株或同一种微生物中的单一血清型菌（毒）株的培养物制备的疫苗。

4.多价苗　用同一种微生物中若干血清型菌（毒）株的增殖培养物制备的疫苗。

5.多联疫苗　凡是由两种或两种以上的不同微生物培养物，按免疫学原理方法组合而成，接种动物后能产生针对相应疾病的免疫保护，具有减少接种次数、免疫效果确定等优点，是"一针防多病"的生物制剂。

6.同源疫苗　是指利用同种、同型或同源微生物菌（毒）株制备的而又用于预防同种类动物疾病的疫苗。

7.异源疫苗　一是指利用不同种微生物制备的疫苗，接种动物后能使其获得对疫苗中不含有的病原体的抵抗力；二是用同一种微生物中一种型（生物型或动物源）微生物种毒制备的疫苗，接种动物后能使其获得对异型病原体的抵抗力。

8.亚单位疫苗　一是微生物经物理和化学方法处理，除去无效的毒性成分，提取其有效抗原部分，如细菌的荚膜、鞭毛、病毒的囊膜、衣壳蛋白等；二是通过基因工程方法由载体表达的微生物免疫原基因产物，经提取后制备的疫苗。亚单位疫苗可减少无效抗原组分所致的不良反应，毒性显著低于全菌苗。

9.合成疫苗　将具有免疫保护作用的人工合成抗原肽结合到载体上，再加入佐剂制成的制剂，称为合成疫苗。

10.基因重组疫苗　病毒微生物的免疫原基因，通过分子生物学方法将其克隆到载体DNA中，实现遗传性状的转移与重新组合，再经载体将目的基因带进受体，进行正常复制与表达，从而获得增殖物供制苗用，或直接将活载体接种宿主动物，直接在其体内表达，诱导免疫反应，这类疫苗是目前的主要研究方向。

11.基因缺失疫苗　应用基因操作技术，将病原微生物中与致病性有关的毒力基因序列除去或使其失活，使之成为无毒株或弱毒株，但仍保持良好的免疫原性。这种基因缺失株的稳定性好，不会因传代复制而出现毒力回复。

12.核酸疫苗　是指将一种病原微生物的免疫原基因，经质粒载体DNA接种给动物，能在动物体细胞中经转录翻译合成抗原物质，刺激被免疫动物产生保护性免疫应答。它既具有亚单位疫苗或灭活疫苗的安全性，又具有活疫苗免疫全面的优点。

13.**转基因植物口服疫苗**　将编码病原微生物有效蛋白抗原的基因和高表达力质粒一同植入植物（如番茄、马铃薯等）的基因组中，由此产生一种经过基因改造的转基因植物。该植物根、茎、叶和果实出现大量的特异性免疫原，经动物食用即完成1次预防接种。

二、疫苗的免疫接种

（一）免疫接种的类型

根据免疫接种的时机不同，免疫接种的类型可分为预防接种、紧急接种和临时接种。

1.**预防接种**　预防接种指在经常发生某类传染病的地区，或有某类传染病潜在的地区，或受到邻近地区某类传染病威胁的地区，为了预防这类传染病的发生和流行，平时有组织、有计划地给健康动物进行的免疫接种。

2.**紧急接种**　紧急接种指在发生传染病时，为了迅速控制和扑灭传染病的流行，而对疫区和受威胁区尚未发病的动物进行的免疫接种。紧急接种应先从安全地区开始，逐只接种，以形成一个免疫隔离带；然后再到受威胁区，最后再到疫区对假定健康动物进行接种。

3.**临时接种**　临时接种指在引进或运出动物时，为避免在运输途中或到达目的地后发生传染病而进行的预防免疫接种。临时接种应根据运输途中和目的地传染病流行情况进行免疫接种。

（二）免疫接种的准备

1.**准备疫苗、器械、药品等**

（1）**疫苗和稀释液**　按照免疫接种计划或免疫程序规定，准备所需要的疫苗和稀释液。

（2）**器械**

①接种器械。根据不同方法，准备所需要的接种器械，如注射器、针头、镊子、刺种针、点眼（滴鼻）滴管、饮水器、玻璃棒、量筒、容量瓶、喷雾器等。

②消毒器械。如剪毛剪、镊子、煮沸消毒器等。

③保定动物器械。

④其他，如带盖搪瓷盘、疫苗冷藏箱、冰壶、体温计、听诊器等。

（3）**防护用品**　毛巾、防护服、胶靴、工作帽、护目镜、口罩等。

（4）药品

①注射部位消毒用75%酒精、5%碘酊等。

②人员消毒用75%酒精、2%碘酊、来苏儿或新洁尔灭、肥皂等。

③急救药品如0.1%盐酸肾上腺素、地塞米松磷酸钠、5%葡萄糖注射液等。

（5）其他物品　免疫接种登记表、免疫证、免疫耳标、脱脂棉、纱布、冰块等。

2.消毒器械　注射器等器械应在进行免疫注射前准备完毕。

（1）冲洗　将注射器、点眼滴管、刺种针等接种用具先用清水冲洗干净。玻璃注射器在冲洗时应将注射器针管、针芯分开，用纱布包好；金属注射器应拧松活塞调节螺丝，用纱布包好；将针头用清水冲洗干净，成排插在多层纱布的夹层中；镊子、剪子洗净，用纱布包好。

（2）灭菌　将洗净的器械高压灭菌15分钟；或煮沸消毒30分钟，待冷却后放入灭菌器皿中备用。煮沸消毒的器械当日使用，超过保存期或打开后，需重新消毒后方能使用。

（3）注意事项

①器械清洗一定要保证清洗的洁净度。

②灭菌后的器械1周未用，下次使用前应重新消毒灭菌。

③禁止使用化学药品消毒。

④使用一次性无菌塑料注射器时，要检查包装是否完好和是否在有效期内。

3.人员消毒和防护

（1）消毒　免疫接种人员剪短手指甲，用肥皂、消毒液（来苏儿或新洁尔灭溶液等）洗手，再用75%酒精消毒手指。

（2）个人防护　穿工作服、胶靴，戴橡胶手套、口罩、帽等。

（3）注意事项

①不可使用会对皮肤造成损害的消毒液洗手。

②在进行气雾免疫和布鲁氏菌病免疫时应戴护目镜。

4.检查待接种动物健康状况　为了保证免疫接种动物的安全及接种效果，接种前应了解预定接种动物的健康状况。

（1）检查动物的精神、食欲、体温，不正常的不接种或暂缓接种。

（2）检查动物是否发病、是否瘦弱，发病、瘦弱的动物不接种或暂缓接种。

（3）检查是否存在幼小的、年老的、怀孕后期的动物，这些动物应不予接种或暂缓接种。

（4）对上述动物进行登记，以便以后补种。

5.检查疫苗外观质量　凡发现疫苗瓶破损、瓶盖或瓶塞密封不严或松动、无标签或标签不完整（包括疫苗名称、批准文号、生产批号、出厂日期、有效期、生产厂家等）、超过有效期、色泽改变、发生沉淀、破乳或超过规定量的分层、有异物、有霉变、有摇不散凝块、有异味、无真空等，一律不得使用。

6.详细阅读使用说明书　了解疫苗的用途、用法、用量和注意事项等。

7.预温疫苗　疫苗使用前，应从贮藏容器中取出，置于室温（15～25℃），以平衡疫苗温度。

8.稀释疫苗

（1）按疫苗使用说明书注明的用量，用规定的稀释液，按规定的稀释倍数和稀释方法稀释疫苗。无特殊规定时可用注射用水或生理盐水，有特殊规定的应用规定的专用稀释液稀释疫苗。

（2）稀释时先除去稀释液和疫苗瓶封口的火漆或石蜡。

（3）用酒精棉球消毒瓶塞。

（4）用注射器抽取稀释液，注入疫苗瓶中，振荡，使其完全溶解。

（5）补充稀释液至规定量。

9.吸取疫苗

（1）轻轻振摇，使疫苗混合均匀。

（2）排尽注射器、针头内水分。

（3）用75%酒精棉球消毒疫苗瓶瓶塞。

（4）将注射器针头刺入疫苗瓶液面下，吸取疫苗。

10.注射免疫　采取合适的注射方法免疫兔，免疫后注意观察家兔反应。

三、兔瘟（兔病毒性出血症）疫苗

（一）兔病毒性出血症灭活疫苗（CD85-2株）

1.疫苗制备　用兔病毒性出血症病毒CD85-2株接种1.5千克以上健康易感家兔，无菌收获接种后24～96小时内濒死或刚死亡兔的肝、脾、肾等脏器，剔除各脏器的结缔组织与脂肪，称重，加适量生理盐水进行捣碎或研磨，用甲醛溶液进行灭活后制成。用于预防兔病毒性出血症（兔瘟）。

2.用法　45日龄以上家兔，皮下注射。必要时，未断奶乳兔亦可使用，皮下注射，但断奶后应再注射1次。

（二）兔病毒性出血症、多杀性巴氏杆菌病二联灭活疫苗（CD85-2株+C51-17株）

1.疫苗制备　用兔病毒性出血症病毒CD85-2株接种1.5～2.0千克健康易感家兔，无菌收获接种后24～96小时内濒死或刚死亡兔的肝、脾、肾等脏器，剔除各脏器的结缔组织与脂肪，称重，加适量生理盐水进行捣碎或研磨，用甲醛溶液进行灭活；将兔源荚膜A群多杀性巴氏杆菌C51-17株接种适宜培养基增殖，收获培养物，经甲醛溶液灭活后，再向兔源荚膜A群多杀性巴氏杆菌灭活菌液中加入一定比例的氢氧化铝胶佐剂进行浓缩。将合格的灭活兔病毒性出血组织乳剂和灭活兔源荚膜A群多杀性巴氏杆菌浓缩菌液按适当比例混合均匀后制成。用于预防兔病毒性出血症（兔瘟）和兔多杀性巴氏杆菌病。

2.用法　用于1月龄以上的健康家兔，颈背皮下注射。

（三）兔病毒性出血症二价灭活疫苗（CD85-2株+SCJT株）

1.疫苗制备　用兔病毒性出血症病毒1型CD85-2株接种60～70日龄健康易感（抗体阴性）和2型SCJT株接种30～40日龄健康易感（抗体阴性）兔，分别将接种后24～96小时内濒死或刚死亡兔，无菌采集肝脏、脾脏，并剔除各脏器的结缔组织与脂肪，称重，加适量生理盐水进行捣碎或研磨，经甲醛溶液灭活，等量混合均匀后制成。用于预防兔病毒性出血症病（即兔瘟）。

2.用法　健康兔在30～40日龄、60～70日龄时，各皮下注射1次。

（四）兔出血症病毒杆状病毒载体灭活疫苗（re-Bac VP60株）

1.疫苗制备及效果说明

（1）制备方法　本品系用表达兔出血症病毒VP60蛋白的重组杆状病毒re-Bac VP60株，接种昆虫细胞，收获细胞培养物，经破碎、离心后收获重组VP60蛋白，经甲醛溶液灭活后，加氢氧化铝胶制成。用于预防兔出血症（兔瘟）。

（2）效果说明　利用杆状病毒-昆虫细胞系统表达兔出血症病毒VP60蛋白，使该蛋白自然组装成病毒样颗粒，从而使制苗抗原具备天然抗原的形态结构，保持其良好的免疫原性；采用生物反应器，规模化生产抗原蛋白。与传统的利用兔肝、脾组织制备抗原的组织灭活苗生产工艺相比，该工艺具有生产规模灵活、抗原效价高、批间稳定等特点。本产品免疫期至少为6个月，保存期为24个月。

2.用法　颈部皮下注射，成年兔每6个月免疫1次。

（五）兔出血症病毒杆状病毒载体二价灭活疫苗（re-Bac VP60-1株+re-Bac VP60-2株）

1.疫苗制备及效果说明

（1）制备方法　本品系用表达兔出血症病毒（RHDV）VP60蛋白的重组杆状病毒re-Bac VP60-1株和表达兔出血症病毒2型（RHDV2）VP60蛋白的重组杆状病毒re-Bac VP60-2株，分别接种昆虫细胞，收获细胞培养物，经甲醛溶液灭活后，将两种抗原液按适当比例混合，加氢氧化铝胶制成。用于预防兔出血症（兔瘟）和兔出血症2型（新型兔瘟）。

（2）效果说明　利用杆状病毒-昆虫细胞系统表达RHDV VP60蛋白和RHDV2 VP60蛋白，该2种蛋白都能自然组装成病毒样颗粒，从而使2种制苗抗原均具备天然抗原的形态结构，均保持其良好的免疫原性；采用生物反应器，规模化生产抗原蛋白。与传统的利用兔肝、脾组织制备抗原的组织灭活苗生产工艺相比，该工艺具有生产规模灵活、抗原效价高、批间稳定等特点。免疫原性试验结果表明，2种重组蛋白均使用2.5微克/毫升半成品制备的抗原均可分别完全抵抗兔瘟强毒和兔瘟2型强毒攻击。本产品免疫期至少为6个月，保存期约为12个月。

2.用法　颈部皮下注射1月龄及以上兔。

四、其他常见药物以及兔常用疫苗。

其他常见药物以及兔常用疫苗见表4-1、表4-2。

表4-1　常见药物

药品	主要用途	备注
青霉素	用于治疗兔葡萄球菌病、链球菌病、李氏杆菌病等，及乳房炎、子宫炎、肺炎及其他感染	现配现用，不可加热助溶
链霉素	用于治疗出血性败血症、结核、肺部疾患和肠道感染	
盐酸四环素、盐酸土霉素、盐酸金霉素	用于治疗兔肺部和肠道多种传染病，如支原体病、附红细胞体病、衣原体病等	
磺胺嘧啶	对多种细菌有抑制作用，如巴氏杆菌、沙门氏菌、大肠杆菌、链球菌等，常用于治疗呼吸道、消化道及泌尿系统的多种传染病和感染	首次用量加倍，口服需同时服等量小苏打，并保证充足的饮水，注射宜深部肌内注射

（续）

药品	主要用途	备注
复方磺胺甲基异恶唑片	同磺胺嘧啶，还用于防治兔球虫病	12小时一次
磺胺异恶唑片、磺胺甲氧嗪	同磺胺嘧啶	同磺胺嘧啶
磺胺对甲氧嘧啶	同磺胺嘧啶	同磺胺嘧啶
磺胺脒	同磺胺嘧啶，但更常用于消化道感染	同磺胺嘧啶
酞磺胺噻唑	同磺胺嘧啶	同磺胺嘧啶
甲氧卞氨嘧啶	同磺胺嘧啶	与磺胺类和抗菌药物并用，能加大抗菌效果
二甲氧卞氨嘧啶	同复方磺胺甲基异恶唑片	同上
氯苯胍	用于治疗和预防兔球虫病	市售兔特灵，其主要成分为氯苯胍
消虫净（乳剂）	用于治疗兔疥癣及去除蚊蝇等	纯品为浅黄色，略带酯类气味的油状液体，为广谱驱虫新药
液体石蜡	治疗便秘等	
硫酸钠（芒硝）、硫酸镁	治疗便秘等	
人工盐	小剂量助消化，大剂量有轻泻作用	
大黄苏打片	小剂量助消化，大剂量有轻泻作用	
鞣酸蛋白	有止泻作用，常用于腹泻、痢疾等的治疗	
复方氨基比林注射液	用于伤风、感冒的治疗	
复方阿司匹林	同上	
氯化铵	用于支气管炎、咳嗽等的治疗	
葡萄糖注射液	用于中毒病及其他严重疾病的治疗	
阿托品	用于有机磷中毒和疼痛性疾病的治疗	
高锰酸钾	洗手、消毒和冲洗子宫、阴道及伤口	现配现用
新洁尔灭	0.01%作冲洗眼结膜用，0.1%作洗手及浸泡器械消毒用	
硼酸	用于眼结膜及乳房炎的冲洗	
过氧化氢（双氧水）	用于创伤、化脓创伤的冲洗	

（续）

药品	主要用途	备注
来苏儿	洗手及兔舍、兔笼消毒	
烧碱	常用热溶液作车、船、兔舍及用具的消毒	
生石灰	用于兔舍、兔笼和排泄物消毒	新鲜石灰，现配现用
草木灰水	同上	浸泡1小时，现配现用
甲醛溶液	5%~10%浸制标本，熏蒸作房舍消毒用	消毒时把兔子移出后进行
碘酒	2%~3%作皮肤及伤口消毒，5%作皮肤刺激剂	
酒精	70%~75%外用于皮肤及创伤消毒	
促绒毛膜性腺激素	用于治疗屡配不孕	
大黄藤素注射液	用于治疗乳房炎、肠炎、痢疾、呼吸道感染	
蜂乳	可促进生长并预防腹泻和呼吸道疾病	

表4-2　家兔常用预防疫苗

名称	产生免疫时间	免疫持续期
兔瘟疫苗	36~48小时	6~12月
兔巴氏杆菌疫苗	10~14天	4~6月
瘟巴二联苗	36小时至10天	半年
魏氏梭菌（A型）菌苗	7天	4~6月
兔波氏杆菌病疫苗	7~10天	4~6月

第四章　兔病防治技术

家兔是胆小、喜欢安静、易受惊的动物，外界的各种刺激因素对其影响很大，因此，正确使用治疗技术对于避免兔子因过度受惊而造成的影响及兔病的治疗和预防都有重要意义。

第一节　兔的编号与保定

一、兔的编号

兔的编号是在生产中便于识别和登记的不容忽视的一件事。目前编号方法主要有以下3种。

1.耳标法　一个人固定兔耳，一人用小刀在家兔耳朵边缘无血管处刺一小口，将耳标穿过小口，圈成环状固定于耳上即可。幼兔皮薄，可直接用铝片刺穿，一般不出血。

2.钳刺法　在兔耳内侧无毛处，用碘酒消毒，并将用醋研磨获得的墨汁涂在其耳部，将耳号钳对准标记位置钳刺，拭擦几下后，拭尽余墨，几天后出现字码。

3.墨刺法　用5厘米长的18号兽用针头的锐端，在兔耳内侧无血管处消毒后刺字，再用墨汁擦几下，拭尽余墨。此法较钳刺法费事，但易于进行。

二、兔的保定方法

掌握正确的捕捉、保定方法，是兔饲养人员和兽医完成安全生产的基本功。人们所习惯的抓耳朵、倒提后腿、抓腰部、拧抓表皮等方法都是不规范的。

在捕捉家兔时，应保持镇静，用一只手大把抓住其颈后宽皮，也可以连耳带颈皮一起抓住，轻轻提起，另一只手托住臀部，这样既不损伤兔，也避免兔爪抓人。

喂药时可将兔放在桌上或人坐着将兔子放在两腿上,让兔的后驱靠在人身边,左手托起下颌,拇指压于头额部,使其头稍抬起、口向上倾斜,右手持灌药匙或滴管从兔的右口角喂药。

注射时的保定,应依据不同的注射方法而定。皮下注射可在兔的颈部、肋部或者股沟区皮肤松软处进行,保定时操作者可用左手抓住其头耳、右手托住后躯,让其靠近助手身边进行颈侧或前肋部做皮下注射。如要在兔的后腿内侧腹股沟区做皮下注射或股内侧进行肌内注射,可用左手抓其颈皮、右手托臀部并用拇指及手掌轻轻扣住其股前部骨骼区。

静脉注射有3种保定方法。①徒手保定:助手将兔后肢抵在人身前面,两手握住其前肢及头部,将要注射的耳朵反背露于术者前,进针后注射时保持不让兔头晃动,术者要将针压住稳在兔耳上,慢慢推注药液。②浴巾保定法:用1米长的浴巾或围布将兔从前到后(包括四肢)缠裹起来,将注射部位露出放于地上,一个人便可注射。③木箱保定法:做一比兔体稍长的木箱,木箱上盖子做一个U形切口,大小以可使兔头固定在箱外而又不能回缩进箱内为宜,保定时将兔放入箱内,盖上盖,将兔头固定于箱外即可。

进行手术或采血时,可用长、宽均大于兔体的木板,在两边偏短边缘处固定铁钉,用四条线或纱布将兔妥善地仰卧捆扎在木板上即可。

第二节　投药方法

药物进入机体的途径不同,其吸收快慢强弱不同,有时甚至会改变药物的基本作用。因此,应根据病情的需要、药物的性质和剂型、兔的种类等选择适当的给药方式。常见的方式主要有以下几种。

一、内服给药

这是最常用的给药方法,操作简便,适用于多种药物的投药,缺点是药物受胃肠内容物的影响较大,见效较慢,药物吸收不完全或不规则。按照病情轻重可采用自由采食(拌入饮水或饲料中)、灌服或胃管投服等方法。

1.拌料给药　家兔有食欲而药物无特殊气味的情况下,可将药物均匀地拌在饲料中(拌料时注意将药物和饲料混匀,防止因采食不均造成的药物中毒),让兔自由采食。对有毒性及副作用的药物应先做小量试验后,再全群喂药。对于有特殊气味、颜色和挥发性的药,不能采取这种方式。

2.饮水投药　将药物溶于水中，任家兔自由饮用。如果药物有腐蚀性，可用陶瓷或搪瓷器皿，而不用金属饮水器。

3.灌服法　对不能采食的病兔或气味很大的药物，可采取灌服法。将药碾细后加水调匀，用汤匙、注射器或滴管从兔的口角灌入，避开门齿，以免药物进入气管。

4.胃管投药　对一些有异味、毒性较大的药物或在病兔拒食情况下，可采用胃管投服。用木片或竹片制成一个长10厘米，宽1.8～2.2厘米，厚0.3～0.5厘米的纺锤形开口器，在正中开一小圆孔，小孔的直径应比胃管大，用橡皮或塑料导管涂上润滑油。一个人固定兔头，并将开口器由兔口角插入并固定于口角，用导管从孔中缓慢插入10～20厘米即可达到胃内。将导管游离端没入水中，若未见气泡出现，表明导管已插入胃中；如误入气管，应迅速拔出重插。此时将装有药液的注射器连接于导管口，慢慢推入，然后捏紧导管慢慢从胃中抽出。灌服量一般为每千克体重5～10毫升。此法费事，必要时才采用。

二、直肠灌注法

当兔发生便秘、毛球病时，口服、注射给药效果都不好，可采用直肠灌注法给药。将家兔侧卧保定，用1根人用导尿管，在前端涂些润滑剂，缓慢插入兔肛门4～5厘米，接上吸有药液的注射器，把药液缓慢注入直肠内。

三、注射给药

注射给药的优点是吸收快、见效快，药物浪费少，较安全，但须注意药物质量和严格消毒。

1.皮下注射　选择皮肤疏松部位的皮下，通常选在耳后颈部上方。经消毒后，用左手将家兔皮肤提起，右手持注射器将针头刺入1.5厘米，将药液注入。一般的疫苗注射采用此方法。

2.肌内注射　选择肌肉丰满处，通常在臀部和大腿内侧。经消毒后，左手固定注射部位的皮肤，右手持注射器迅速刺入肌肉中部，缓慢注入药液。在注药之前，要稍微回抽注射器，如未出现血液，则可注药；否则，说明针头注入血管，应将针头尖部做适当调整。一般的抗生素均采用肌内注射方式。

3.静脉注射　一般选择耳外缘静脉为注射部位。先消毒注射部位，将兔子保定好，左手压迫耳基部使血管扩张，右手持注射器，使针头尖部的斜面向上，先与血管平行并刺入兔的皮肤，然后刺入静脉，当确认针头进入血管后，放开按压血管的左手，改为固定针头，并缓慢注入药液。注射完毕后拔出针头，即以酒精棉球压迫局部，防止血液流出。补液、刺激性较大的药物等的注射一般采取静脉注射。

注射液不能含有沉淀、气泡，油剂、乳剂一定要清亮并且经严格消毒。第一次注射从耳尖部开始，以后渐次移到耳根部，以免重复注射时，发生血管堵塞。天冷且注射量多时，应将药液加温至与体温接近。

4.腹腔注射 当静脉注射困难时，可改用腹腔注射，补液或病料感染试验也可以用此法。把兔子后躯抬高，在其腹中线左侧脐后方向着脊柱刺入针头。当胃和膀胱排空时，进行腹腔注射比较适宜。应小心操作，避免刺伤内脏器官。

四、外用药

用于杀灭体表外寄生虫或皮肤、黏膜外用消毒药，主要有洗涤、涂擦两种方法。先除去痂皮，然后用小毛刷或滴管将药膏或药液涂于患部；或先剪毛、消毒，然后涂上药液。

第三节 阉 割 术

经鉴定不能留作种公兔及一般生产用兔的个体，为使其性情温驯、便于管理，提高其皮、毛、肉质量，加速生长发育，宜在2.5～3月龄进行去势，有以下3种方法。

1.阉割法 助手用右手抓住兔耳及颈皮，左手托住兔臀部，大拇指压住公兔右后肢，使兔呈头高尾低的垂直状态、腹部面向术者。术者洗手消毒，用75％酒精棉球（或2％碘酊）消毒兔阴囊皮肤，将兔睾丸从腹股沟挤向阴囊，以左手食指和拇指捏紧固定，勿使睾丸滑动，然后用消毒过的手术刀或眼科剪沿睾丸平行方向切开皮肤（最好一次刺穿总鞘膜），然后挤出睾丸和附睾（切口大小在1厘米左右），精索用刀切断或刮断，整复伤口、消毒创缘后，放在清洁且消毒后的兔笼中喂养，2～3周后可恢复健康。

2.结扎法 准备与保定同前，术者左手捏住阴囊，右手在距腹壁2～3厘米处找到精索，用消毒药擦洗结扎处。结扎后阴囊睾丸有特殊的炎症反应（有的增大7～9倍），3天后肿胀消退，20天左右萎缩，缩至硬块。

3.化学法　3月龄以上的公兔，向每只睾丸注入10%氯化钙，可破坏睾丸组织，注射后睾丸开始肿胀发炎，3～5天后自然消退，一周后睾丸明显萎缩而丧失性欲。

第四节　建立严格的生物安全体系

随着社会的发展与进步，目前养兔业主要的模式是规模化兔场，由于饲养密度大，兔群周转快，传染病、应激病、营养病及各类伤害等不断发生，给兔病防疫工作带来较大压力，极易造成较高的发病率，影响生产和效益。在兔的疾病防治中，始终要坚持以防为主、防重于治的基本原则。可通过采取净化种源、优化环境、完善设备、加强管理、增加营养和强化免疫等技术措施切断水平和垂直传播。疫病控制不是单一的，而是各种措施相互联系、相互制约、相互渗透，形成的密不可分的一个系统。

一、科学合理布局

兔场选址要坐南朝北，远离公路、城镇、村庄，地势高燥，采光和通风良好。四周可建围墙或开挖河沟与外界隔绝。兔场布局原则上分为四小区，即生产区、附属辅助生产区（饲料加工及仓库）、行政管理区和生活区。生产区与生活区、行政管理区应严格分开。生产区的种兔舍、繁育兔舍应建立在生产区的上风口，杜绝外人参观。育肥兔舍及商品生产兔舍应设在生产区下风口。其余三个小区最好建在生产区的上风口，行政管理区、生活区、附属辅助生产区应按风向依次排列。附属辅助生产区生产的饲料通过与生产区相通的窗口运往兔舍。道路布局要合理，进料与出粪、售兔通道要分开，即是净道和污道分开。病死兔无害化处理处应设在兔场最下风方向处，防止疾病传播。各栋兔舍间要保持防疫距离，通常应大于6米，要尽可能减少水泥地面，以避免热辐射。两舍之间空地可栽少量树木，以遮挡夏季阳光直射，其余空地可以种植牧草解决饲草来源。兔舍内外自然通风的好坏直接关系到生产成本的高低，舍内环境气候能否有效调节直接关系兔群健康状况及疾病控制。兔笼设计与布局要科学合理、注重生产效率、符合兔的生物学特性，但不能留有防疫死角。繁育兔舍要卫生，保暖通风设施要完善，青年、肥育兔舍采用多层笼饲养，每笼以1～4只兔为宜。

二、严格疫病控制

在生产区四周建防疫墙，杜绝非生产区人员出入。防疫墙内、外沿建立灌木绿化隔离带，大门设3～4米宽的车辆进出消毒池，消毒液可使用2%烧碱，每周定期更换两次。在人员专用通道内设立消毒室，所有进入人员必须在此更衣、换鞋、紫外线照射后，方可踏过消毒池，洗手进入生产区，并且在每栋兔舍入口处设置消毒盆池。饲料最好自配自产，用机械直接送入生产区料塔，或用内部专用麻袋、编织袋经传输窗进入兔舍。生产人员全部定岗定员，不得随意串岗。各兔舍工具不得交叉使用，人员进出场区必须严格控制，禁止随意进出场，生产资料等由专人负责送至消毒室。生产区人员休假结束返回后必须在生活区集体宿舍隔离一天后方可进入生产区。

三、坚持自繁自养

对于规模较大的兔场要自行组建核心群和扩繁群。核心群进行育种改良需要引进外血时，在引种前必须对所引种兔所在地区进行有关疫病的调查，对引进兔要进行兽医卫生检疫，并在场外隔离观察两周以上，在隔离期间还要进行有关疫病的免疫接种，再经过多次消毒后方可进场饲养。

四、优化生产环境

集约化兔场饲养密度大，粪、尿产出量大，有害气体、微生物、尘埃多，保持兔舍内外良好的环境卫生非常重要。因此，应尽量采用地下管道排污，防止交叉感染。舍外空地杂草要定期清除。舍内每天要打扫卫生一次，保持清洁干燥，不得有蜘蛛网、剩余霉料等。粪沟内不得有积粪，兔笼底要经常清扫，不得残留污毛。室内卫生可以分解成若干小项目，并对卫生情况及时检查、经常监督。在冬季，要做好防寒保温工作，但不能为了保温而紧闭门窗，必须保证有适度的通风换气措施，必要时使用换气扇。舍内的硫化氢浓度要低于10毫克/米^3，氨浓度要低于10毫克/米^3。如果使用煤炉保温，相对湿度要控制在50%～80%，并尽量减少空气中的尘埃。长期处于低质量的空气环境中，兔易体质变差、抵抗力下降、呼吸系统疾病发病率明显上升、死亡率升高，而且这种变化不易被觉察，在生产中常常被忽视。夏季高温时，要全力做好防暑降温工作，尽量利用自然通风，并根据不同兔种特点，结合机械通风、喷雾降温等措施。特别要防止种公兔及繁殖母兔发生热应激。

此外，控制鼠害也非常重要。老鼠不但会耗损饲料，还会传播疾病。规模化兔场要定期灭鼠，每年两次。与此同时，生产中还应实行空弃药瓶、废弃扫把等生产废物的回收登记制度，及时将药棉、废纸、污毛等生产垃圾集中进行无害化处理，这对净化兔场生产环境大有好处。

第五节　做好兔场的卫生管理工作

做好兔场的卫生管理工作是预防疾病的重要措施，是保证兔场安全的主要举措，应常年坚持贯彻，不得有任何松懈。卫生管理工作主要包括以下几个方面。

一、实行全进全出制

所谓全进全出，就是将所有的兔同时移进、移出一栋（间）兔舍。空兔舍经彻底冲洗、消毒净化、适当空圈后再转进下一批兔。它相对于连续式生产，能避免兔群与兔群、兔群与设备之间的交互感染，有助于控制兔疾病，缩短出栏时间，提高饲料报酬。

各阶段在固定时间内进行转群，同一批兔要全部转出，对于不合格的兔应作淘汰处理。即使只有一只兔留在原笼，都不能称为全进全出，疾病都可能会循环传播下来。空笼必须用高压水龙头彻底冲洗干净，对于产房，必须刷洗擦净，所有的工具也必须清洗，然后用广谱消毒剂消毒，净化一周。

二、规范消毒程序

消毒程序是集约化兔场疫病防治、兔群保健的重要组成部分，主要有药物、火焰、紫外线等消毒方法。紫外线消毒适用于门卫消毒室地面、人和衣物等消毒。紫外线灯照射对水平表面灭菌效果较好，对于距离较远处的侧面或遮光面灭菌效果差，所以它只能用作辅助消毒。火焰消毒器火焰燃烧70秒，灭菌率可达90.0%以上，但成本较高，常用于兔舍墙壁、地面、兔笼底网等消毒。常用消毒药有：2%烧碱，用于车辆消毒池、消毒盆池等消毒；百毒杀溶液，主要用于人员洗手或兔体表、兔舍、地面、设备等消毒。消毒药要定期更换。所有兔笼舍每周消毒两次。带兔消毒可选用适当浓度的次氯酸（市面上有

次氯酸发生器和生成剂）。消毒兔舍时应将兔舍打扫干净，不留有粪污积尿，也不能过于潮湿，否则会影响消毒效果。出售兔时，要将装兔车辆在场外冲洗干净、彻底消毒，装兔时再消毒一次，已经运出的兔不能再退回兔舍，出兔后要消毒出兔通道。消毒要形成制度，并强制执行。

三、认真监控兔群

兽医及饲养员每天要仔细观察兔群的排便规律及粪便形态、躺卧地点及姿势、呼吸频率、采食量等，在群体中发现异常个体时可用笔做好标记。要留心观察，对患病兔及时隔离，对症处理。在寒冷和炎热季节，通过观察兔群行为，及时采取保暖或降温措施。兔冷应激的症状主要有：缩脚缩身、拥挤成堆（小兔），严重时颤抖、出现腹泻、采食量上升但饲料转化率下降、同舍兔体重差异加大等。热应激症状主要有：兔活动量减少、在靠近笼底或潮湿处侧身躺卧、兔群散开、饮水增多、采食量下降、生长缓慢等。

四、合理搭配饲料，调制得当，喂饱喂匀

把住"病从口入"关，做到"早饲宜早、午饲宜少、晚饲宜饱、添足夜草"，搞"三勤"（勤打扫、勤消毒、勤垫草）"五净"（笼舍净、槽净、水净、饲料净、兔体净），根据不同日龄、季节、气候，确定合理的喂养制度，做到加强饲养，精细管理。

第六节　营养抗病和饲养管理抗病

现代化的养殖场养殖规模增大，生产管理工作更复杂，因此应用科学手段做好生产管理是保障兔场正常运行的重要手段。科学地进行生产管理主要涉及以下方面。

一、生产的分类记录

完整的生产记录是实现兔场科学管理、指标"量"化的基础，也是发现疾病的重要途径之一。根据生产实践可分为以下3类。

1.饲料记录　如原料来源、进料时间、加工时间、加工数量、加工批号、

成品料名称、化验记录、加工及质检人员姓名等。

2. 生产记录　如母兔号、与配公兔号、配种日期、分娩日期、自然/人工分娩、活仔/产仔数、产仔窝重、21日龄窝重、28日龄窝重、28日龄断奶数、56日龄重、84日龄重、126日龄重、公母比例等。

3. 卫生防疫记录　如耳号、笼号、进舍日期、兔只数量及重量、转出日期、转出数量及重量、耗料量、死亡数、健康记录、疫苗注射日期、疫苗名称和批号及疫苗使用剂量、防疫人员等。所有记录必须标准化、制度化，便于输入电脑。

二、资料的分析应用

生产中每天有日报表，每星期有周报表，生产线必须如实上报至技术部，由专人输入电脑，通过技术分析处理，能有效指导生产、降低生产成本、避免造成不必要的损失。需要通过电脑分析处理的内容通常有：受胎率、28日龄断奶成活率、56日龄育成率、56日龄日增重、56日龄饲料报酬、84日龄育成率、84日龄日增重、84日龄饲料报酬、126日龄育成率、126日龄日增重、126日龄饲料报酬以及各类兔的成活率和淘汰率等。数据分析时要进行月、季、年度对比，不同生产线对比，与本场或同行生产指标对比，与国外标准对比，查找出不同阶段生产的影响因素。

具体、客观的生产资料在短期内可以指导生产和繁育，降低成本，保证防疫密度，并及时淘汰低生产力兔群。长期则可以通过比较发现发生问题的缘由，从而为集约化兔场的卫生管理与疾病控制技术的不断完善提供准确依据。

第七节　兔传染病防治的综合措施

家兔常见的疾病中传染病约占2/3，由于直接死亡、生产力下降和防疫花费等造成的经济损失巨大，有时甚至是毁灭性的损失。因此防治传染病更强调贯彻"预防为主"的方针，坚持防患于未然的原则。搞好防疫卫生，将传染病预防于发生之前，一旦发生，本着"早、快、严、小"的原则将其消灭于发生之后。

传染病发生的流行锁链，是由3个基本环节组成的，分别是传染来源（指病兔和带菌带毒者）、传递因素（尸体、被病原体污染的饲料、饮水、用具、场舍和带有病原体的外界环境条件）和易感动物（对该种传染病具有感受性的家兔）。3个环节中任何一环被打断时，流行过程即可终止。

为了预防和扑灭传染病所采取的综合性防治措施，主要包括下列3个方面：查明和消灭传染来源（早期诊断、严格隔离，封锁、治疗病兔）、切断病原体的传递因素（切断传播途径、尸体及时处理、合理消毒）和提高兔群抵抗力（预防接种、加强饲养管理，使家兔对疾病由易感变成不易感）。综合性防治措施分为预防措施和扑灭措施两种。前者是为预防传染病发生所采取的措施，后者是为扑灭已经发生的传染病所采取的措施。

一、预防传染病的措施

1.坚持"自繁自养"原则，加强检疫工作，查明、控制和消灭传染源。

2.切实做好消毒、驱虫、灭鼠工作，切断传染途径。

3.改善饲养管理，加强卫生保健（包括环境卫生、饮水卫生和饲养管理卫生）。

4.加强预防注射，提高家兔抗病能力。

二、扑灭传染病的措施

一旦发生传染病或疑似传染病时，应按"早、快、严、小"原则，及时诊断、及时扑灭。主要采取以下综合防制措施。

1.疫情报告　发生传染病时，应以最快速度上报疫情，以求得上级相关部门的支持帮助并引起周围养兔场（户）的警觉和注意。

2.早期诊断　正确、及时的早期确诊，是有效防治的先决条件，为及时做出正确诊断，兽医人员必须掌握疾病诊断的各种方法并综合应用。对流行病学诊断、临床诊断、病理解剖学诊断及病理组织学诊断、微生物学诊断、免疫学诊断等方法进行综合应用，尽早得出正确的结果。

3.隔离和封锁　发生兔传染病时，应及时将病兔、可疑病兔与健康兔隔离饲养（人员、用具、草料均须分开），以控制和消灭传染源。如果发生传染性大的疾病或呈暴发流行时，应划区封锁，对来往车辆、行人要消毒，对污染对象（笼舍、草料、用具）也要消毒，停止（兔）市场交易，周围建立防疫带，对易感兔立即进行预防注射，最后一只病兔痊愈或死亡，经彻底消毒后，方可解除封锁。

4.消毒　消毒既是防制措施，也是灭病措施，按照目的不同可分为预防消毒、临时消毒和终末消毒。按照所用消毒方法不同可分为物理消毒（清扫、日光曝晒、煮沸、高压、火焰消毒、紫外光灯照射等）、化学消毒（使用酸、碱、氧化剂等药物）和生物热消毒（污秽残渣、污水及粪便等发酵处理）3种方法。消毒、驱虫、灭鼠的送药原则是经济效益好、使用方便、人畜安全。

（1）兔舍、兔笼、地面消毒　可使用3%来苏儿、2%氢氧化钠、200～300毫克/升的次氯酸溶液、5%漂白粉、10%石灰乳、30%草木灰水、0.5%甲醛溶液进行消毒。

（2）封闭兔舍消毒　将兔移出后可用甲醛和高锰酸钾熏蒸消毒，消毒后开门窗通风换气后将兔移入。

（3）兔毛消毒　可用环氧乙烷（每立方米0.7千克，作用24小时）或甲醛熏蒸消毒。

（4）粪便、污物、污水处理　可进行堆肥发酵1～3个月以达到消毒效果。

（5）饲用器具（水盘、料槽、料盆等）消毒　可用开水浸泡，也可用2%碱水消毒后清水冲洗。

（6）杀灭蚊、蝇、虱等吸血昆虫　可用2%敌百虫或2.5%马拉硫磷。

（7）灭鼠　可用防、捕、毒等方法。

5.尸体处理

（1）深埋　选择干燥、偏僻，距住宅、道路、水源、养殖场、河流较远的地方，挖坑深度最好在2米以上。一个养兔场最好修一个圆形、深2米以上且周围用水泥、砖石壁，顶部加盖的尸坑。

（2）焚烧　这是最彻底的尸体处理方法，但是耗费较大，只用于有特殊危险的传染病。

（3）有条件利用　包括煮熟、化制工业油等。

6.治疗　病兔应在隔离条件下进行治疗。没有治疗希望的及时淘汰，治疗家兔细菌病多采用抗生素、磺胺、硝基呋喃等药物，关键是掌握准确的剂量、合理的疗程以及恰当的用药途径。

7.紧急接种　疫区疫点的病兔、可疑病兔，应及时进行紧急接种（主要是病毒性传染病），因为有的疫苗（弱毒活苗或灭活苗）可使家兔在注射后2～3天内产生免疫力，让大量易感兔迅速建立免疫得到保护，在紧急状况下全面防疫后，可能有少数潜伏病例或病兔死亡，但从大局看，也是必要且经济合算的。但紧急接种必须在流行初期和严格消毒检疫、隔离的条件下进行。

兔病防治工作是一项涉及面广、工作量大，需耗费人力、物力的综合性工作，要取得各方面的支持协作和果断实施，才能及时扑灭疫情、减少损失。

第八节　养兔场的常规卫生防疫制度

根据以上原则及检疫防疫工作的实践，总结了养兔场的常规卫生防疫制度。

兔场建设应符合兽医卫生要求。兔舍应设消毒槽，内放用2%氢氧化钠或5%来苏儿溶液浸湿的木屑，上盖棕片或麻袋。工作人员进出兔舍必须消毒，并定期对消毒槽补充消毒药水。

工作人员进入兔舍应穿工作服、工作鞋，戴工作帽和口罩。勤换衣服并注意个人卫生。进行调料、饲喂、捉兔配种和剪毛以及上下班时必须用消毒药水（0.1%新洁尔灭或3%来苏儿）洗手消毒。

每日两次清扫兔笼和兔舍，及时清洗料槽和水盘，粪便和剩余草料应集中堆放，经发酵处理后方能外运。

兔笼和兔舍及饲用工具每周消毒一次，每月应彻底消毒一次。

饲喂前应仔细观察兔群，发现病兔要及时隔离治疗或报请兽医诊治。病兔应有专用笼具，并由专人饲养。

不喂腐烂、变质、发霉、霜冻的草料和带有露水的饲草。兔场需水源充足，并充分给予清洁的饮水。

病死兔的尸体应科学处理，挖坑深埋或焚烧，不得乱扔。

新引进种兔必须隔离饲养观察15～20天，确认健康无病时方能合群饲养。

做好传染病的预防工作，每年春、秋两季对全群种兔进行病毒性败血症疫苗和巴氏杆菌疫苗的预防接种工作，两种疫苗预防注射的间隔时间为7～10天。有魏氏梭菌病的地方，应每年两次注射魏氏梭菌病疫苗。

仔兔从20～70日龄连续服用氯苯胍以预防兔球虫病，每15天用1%敌百虫溶液对种兔、青壮年兔洗脚一次，以预防兔疥癣病。

应及时为临床母兔准备好经消毒处理的备有清洁、干燥、柔软垫草的产仔箱，做好母兔的护理工作。谢绝外人参观。确有必要入场的检查人员和经批准参观的人员应遵守消毒制度。做好防鼠防盗工作，定期毒杀老鼠、消除鼠害。毒鼠后应及时消除死鼠和毒饵。兔舍内严禁喂养犬猫和家禽。

严格按照各项规章制度进行管理，对工作人员定岗位、定职责，奖惩分明，一视同仁。

第二篇

各　论

第五章 兔病毒性传染病

第一节 兔 瘟

兔出血症（rabbit hemorrhagic disease，RHD）是由兔出血症病毒（RHDV）引起的兔的一种急性高度接触性传染病，以呼吸系统出血、实质器官水肿、淤血及出血变化为特征，该病传播快、发病急，发病率和死亡率极高。该病于1984年首次在我国江苏等地暴发，随即蔓延到全国多数地区，国内学者将其命名为兔出血症（RHD），俗称"兔瘟"。自1986年来，意大利、法国、苏联、西班牙和德国等国家相继暴发该病，现RHDV已波及亚洲、欧洲、北美洲和非洲的四十多个国家，对养兔业造成了严重威胁。

一、兔瘟国内首次发现

1984年2月以来，无锡地区家兔爆发了一种本地区以前未见过的发病率和死亡率都很高的急性传染病。该病传播快、流行广，从2月初在无锡市郊一家养兔专业户处发现本病后，至4月底病情波及无锡市3县1郊53个乡208个大队963个生产队2 502户和13个集体兔场，据不完全统计，发病兔35 993只，死亡32 969只，死亡率达91.59%。该病的主要症状是发病迅猛，急性病例往往不见任何症状就突然死亡，死亡前病兔高声尖叫，有的乱蹦乱跳，死亡后鼻腔流出泡沫样血液。主要病理解剖特征是心、肺、肾等内脏实质器官呈严重出血性病变。江苏省无锡县兽医站、南京农业大学及南京医学院学者经过详细的病原学检验，采用易感家兔接种试验、超速离心、电镜检查、乳兔肾细胞培养、超薄切片等诊断方法，从自然死亡病兔和人工接种发病死亡兔的肝、肺材料中，发现了大小相同和形态一致的病毒颗粒，将此病暂时命名为"兔病毒性出血症"。

1984年春在江苏无锡首次发现该病，经用无菌病料作人工感染试验和电镜检查，很快确诊为细小病毒引起的病毒病。此病传染性强，传播迅速，死亡率高，疫情很快向周围地区扩散，1984年冬季浙、苏、皖、鲁、粤、闽、沪等省市相继爆发本病。随后很快蔓延到全国各地。1986年后由于甲醛灭活疫苗的广泛使用，迅速控制了该病的流行。1986年起，当欧洲不少国家因流行该病而恐慌时，南京农业大学兽医微生物组向匈牙利、意大利、西班牙、法国等专家学者介绍了疫苗的制备方法，均得到满意的效果。后来经过试验，确认该病早已存在，但未发生大流行。经过研究探讨，行业内一致同意该病起源于欧洲，首次确诊在中国。

二、兔瘟2型国内发现

2020年4月，中国四川省某兔场首次发生由疑似RHDV2引起的RHD，通过红细胞凝集试验（HA）、反转录-聚合酶链式反应（RT-PCR）扩增、*VP60*基因序列分析和病毒复制试验等方法，对采集的病死家兔肝脏样本进行病原鉴定。HA结果显示，部分病死家兔的肝脏样本不能引起血凝现象；RT-PCR结果显示，样品中出现了RHDV2的特异性条带。对新发现毒株cDNA的RT-PCR产物进一步分析发现，所扩增*VP60*基因核苷酸序列与经典RHDV *VP60*基因核苷酸序列的一致性为77.5%～80.1%，与RHDV2 *VP60*基因核苷酸序列的一致性为93.6%～96.1%，并且与RHDV2处于同一个进化分支。病毒复制试验结果显示，用病死家兔肝脏组织与磷酸盐缓冲液（PBS）混合后制成的悬液分别人工感染5只非免疫25日龄未断奶仔兔和5只2月龄兔，在24～48小时全部死亡。基于以上试验结果，确定新发现的RHDV毒株为RHDV2，并将其命名为SC2020，这是在中国首次发现RHDV2毒株。

三、兔瘟2型国内官方首次确诊

2020年4月，四川省两个兔场的家兔同时出现了疑似RHD症状，但用经典RHDV疫苗免疫后家兔发病及死亡情况均无好转。分别采集两个兔场的病死兔组织样品进行实验室诊断，使用世界动物卫生组织（WOAH）推荐的RHDV2特异性引物进行RT-PCR检测，两个发病兔场的兔组织混合样品均扩增出目的片段。进一步的测序和比对分析发现来自两个发病兔场的2条序列均与RHDV2参考毒株的*VP60*部分序列高度同源，其中同源性最高的是荷兰

RHDV2分离株RHDV2-NL2016，同源性分别为98.01％和97.95％。分析结果表明，报告发病的两兔场的病死兔均为RHDV2感染，分别将两个兔场组织病料中的RHDV2毒株命名为SCADC-JT01和SCADC-JT02。

疫情发生后，当地按照防治技术规范要求，对存栏兔实施扑杀，无害化处理和消毒灯处置措施，并开展流行病学调查。这是我国首次官方确认RHD2疫情。

四、兔瘟2型国外发现

2011年，法国学者G.Le Gall-Reculé等首次对2010年法国发生的兔瘟2型病例进行了报道。从2010年夏季开始，法国发现一种导致家兔和野兔高死亡率的兔瘟病毒新基因型，死亡率为80％～90％，与经典兔瘟毒株的DNA同源性为85.7％。紧急接种经典株兔瘟疫苗可在9～15天内停止感染新型兔瘟病毒导致的死亡，感染经典株时，7～9天就可停止死亡。截至2011年1月，法国共有约60个养兔场发生兔瘟2型疫情，相同地区的野兔也监测到大量感染。

五、兔瘟病毒的分类地位

徐为燕（1986）报道，南京农业大学研究人员将实验感染兔的肝悬液经PEG沉淀、有机溶剂抽提和差速离心等方法，浓缩和纯化兔出血症病毒。用核糖核酸酶和脱氧核糖核酸酶降解病毒表面污染的宿主细胞核酸后提取病毒核酸，并使其高度纯化。然后通过高效液相色谱进行分析，并用酵母RNA和小牛胸腺DNA纯品作平行测定对照。结果表明，兔出血症病毒的核酸为单股DNA，4种碱基的含量：C为23.7％，G为20.55，T为31.9％，A为24.0％；G+C含量为44.2％。根据试验结果结合其他特性，确定该病毒是一种新发现的细小病毒。也是世界上首次对该病毒的鉴定报道。

对RHDV的分类，长期以来多数把它归为细小病毒。但根据各自的研究，曾一度发生争论，分别将其列入小RNA病毒、细小病毒、类细小病毒和嵌杯病毒等。随着对病毒形态、基因组结构与功能认识的深入，1995年国际病毒分类委员会在第6次分类报告中正式确立了RHDV在病毒学中的分类地位，将其归类于嵌杯病毒科，2000年（第7次报告）又进一步列为嵌杯病毒科兔病毒属。

直到2010年，发现世界范围内的所有病毒分离株似乎属于同一血清型，

无论是遗传特性还是抗原性都极其稳定，借助现有实验手段尚不能将不同地区的分离株区分开来。2010年在法国已免疫RHDV疫苗的家兔中发现一种新型的RHDV，其遗传学和抗原性都与之前的RHDV存在明显差异，被称为RHDV2或RHDVb。

六、兔瘟病毒的形态学与生物学特性

（一）兔瘟病毒的形态学特性

RHDV是一种无囊膜的单股正链RNA病毒，呈20面对称球形。RHDV病毒粒子表面呈嵌杯样，电镜观察RHDV病毒粒子的直径为32～42纳米，病毒衣壳由32个高5～6纳米的圆柱状壳粒构成，核心直径为17～23纳米，电镜下还可见少数没有核心的病毒空衣壳。

郑东等利用低温电子显微术和计算机像重构技术详细研究了RHDV的三维结构，发现RHDV的三维结构显示了杯状病毒的典型结构特征。高分辨率的重组Norwalk病毒衣壳蛋白在壳层区折叠为β-桶状结构。由于RHDV衣壳壳层区的半径和厚度与重组Norwalk病毒衣壳比较相近，故推测RHDV衣壳蛋白在壳层区也折叠为β-桶状结构，对RHDV衣壳蛋白VP60所进行的二级预测表明该蛋白在壳层区主要折叠为β-结构。低温电子显微术显示RHDV有两种不同核心密度的病毒颗粒——高密度颗粒和低密度颗粒。三维结构显示了RHDV高密度颗粒和低密度颗粒的衣壳结构相同，均显示了杯状病毒的典型结构特征，由于RHDV基因组和亚基因组RNA分别包装于病毒衣壳内，上述两种颗粒分别对应于含基因组和含亚基因组的RHDV病毒颗粒。

RHDV基因组大小约为7.4千碱基对，由两个略有重叠的开放阅读框ORF1和ORF2组成，两者有19个核苷酸重叠。ORF1编码一个多聚蛋白，该蛋白在翻译后被病毒编码的蛋白酶修饰、切割，从而形成P16、P23、P37、P29、P13、P15、P58共7个成熟的非结构蛋白和衣壳蛋白VP60。ORF2位于3'端，主要编码次级结构蛋白VP10。

过去的研究人员认为该病原仅存在一个血清型，并根据病原的结构蛋白VP60的核苷酸序列将其分为了6个不同的基因亚型——G1～G6，不同亚型病原之间具有较好的交叉免疫原性，因此基于一种亚型制备的疫苗可以为其他亚型提供较强的保护。但是在2010年法国地区暴发了由新的变异亚型所引起的非典型兔瘟，新的变异亚型与传统的亚型所引起的临床症状及病理变化相似，但可突破传统兔瘟疫苗所提供的免疫保护力，引起免疫后兔的死亡，因此该亚型被研究人员认定为一种新的血清型，并命名为RHDV2。RHDV与RHDV2的*VP60*基因的同源性约为80%。

（二）兔瘟病毒的生物学特性

1.血凝性　RHDV能够凝集人的各型红细胞，其中以对A型红细胞凝集价最低，对O型红细胞凝集价最高；对鹅、鸡、绵羊红细胞呈轻度凝集，对鸭、水牛、马、狗、豚鼠和小白鼠的红细胞均不凝集；但是RHDV不能凝集人的脐带或胎儿的红细胞。RHDV血凝活性可被氯胺-T、胰蛋白酶、硼氢化钠破坏，但能够抵抗氯仿、乙醚、过碘酸钾、受体破坏酶和甲醛的处理。

有研究表明个别毒株在不同温度下其血凝性较常规毒株不同，如1996年，英国学者分离出1株RHDV要在4℃才有血凝性，同年，另有学者又分离出无血凝性的RHDV毒株，其流行病学、临床症状、病理变化、ELISA及免疫蛋白印记分析与常规RHDV株相同。1998年，意大利学者分离报道了1株与常规RHDV毒株存在抗原差异的RHDV分离株RHDVa，该毒株与能保护常规RHDV的单抗不反应，且与常规RHDV制备的多价血清反应也较弱，但应用常规RHD疫苗仍能完全保护该毒株对免疫兔的攻击。

2.浮密度和沉降系数　RHDV在氯化铯中的浮密度为（1.29 ~ 1.34）克/厘米^3，沉降系数为（85 ~ 162）× 10^{-13}秒。

3.消毒剂耐性　RHDV与RHDV2对理化因素具有较强的抵抗力，对乙醚、氯仿或温和性去垢剂不敏感。能够耐受50℃ 60分钟、pH3.0 30分钟、2%氢氧化钠30分钟的处理，对胰蛋白酶不敏感。对紫外光和高热敏感，在低温环境下可长期保持其传染性。使用常规消毒剂时需作用足够时间，如1% ~ 2%甲醛作用2.5小时，10%漂白粉作用2 ~ 3小时，2%戊二醛作用1小时或1%氢氧化钠作用3.5小时均能杀灭该病毒。

七、兔瘟的流行病学

（一）兔瘟的流行特点

1.兔瘟1型

（1）本病只感染兔，各种品种和不同性别的兔都可感染发病，长毛兔的易感性高于皮肉兔。

（2）各生长阶段家兔易感。主要侵害3月龄以上的青年兔和成年兔，60日龄以上的青年兔和成年兔的易感性高于2月龄以内的仔兔。近年发病呈低龄化趋势，刚断乳的仔兔也有发生，最早在40日龄左右。

（3）病死兔、隐性感染兔和带毒的野兔是传染源。通过其排泄物、分泌物、内脏器官、血液、兔毛等污染饮水、饲料、用具、笼具、空气，引起易感兔发病和疫病流行。

（4）本病主要通过粪便、皮肤、呼吸道和生殖道排毒。消化道、呼吸道、结膜是主要的传播途径，人、昆虫、鼠、其他畜禽等也可机械性地传播病毒。

（5）本病在新疫区多呈爆发性流行。成年兔、肥壮兔和良种兔发病率和病死率都高达90%～100%。

（6）本病一年四季都可发生。

2.兔瘟2型　近年来，RHDV2有替代RHDV的趋势。流行特点与RHDV相似，但存在以下两点不同。

（1）RHDV2发病兔场的品种（配套系）以伊拉配套系、伊普吕配套系、伊高乐配套系等引进配套系为主，其占比达90%以上，新西兰白兔品种兔场占比在10%以内。

（2）各生长阶段家兔均易感。主要侵害3月龄以下的仔兔和幼兔。哺乳仔兔（30日龄以内）发病率达70%以上，致死率达50%以上，大多呈现整窝死亡；幼兔（断奶至出栏阶段）发病率约为20%，致死率约为30%；青年兔和后备兔发病率约为5%，致死率约为10%。

（二）兔瘟的流行情况

1.世界流行情况　2010年4月，在法国首次发现的RHDV新毒株被命名为RHDV2，该病毒导致法国家养和野生兔群的大面积感染死亡。继而，RHDV2也呈现出向外蔓延趋势，意大利、西班牙、德国、葡萄牙、英国、挪威等多数西欧国家和亚速尔群岛，以及北非和南非一些国家陆续报道了该病的发生。RHDV2不到一年的时间就传播到了南欧，其次是北欧国家（即葡萄牙、意大利和西班牙等）和一些岛屿如亚速尔群岛。2015年，在澳大利亚、非洲与其他欧洲国家被发现，次年RHDV2在加拿大被发现，并继续在欧洲传播。在欧洲首次发现该病毒仅6年后，RHDV2在美洲出现。从2020年4月至2021年3月WOAH共通报58起RHDV2疫情，其中美国21起，墨西哥22起，中国1起，新加坡7起，冰岛2起，塞内加尔3起，尼日利亚2起。美国2019年7月出现RHDV2疫情以来又已连续发生21起

RHDV2疫情，呈现出国内扩散势态。当前主要产兔国家如中国、意大利、法国、俄罗斯、乌克兰、西班牙、尼日利亚、印度尼西亚、埃及、美国等均发生RHDV2疫情。

2.我国流行情况　2020年4月，我国四川省成都市金堂县两个养兔场发生兔病毒性出血症疫情，经四川省动物疫病预防控制中心确诊为兔瘟2型，这是由官方在我国首次发现的兔瘟2型。中国农业农村部畜牧兽医局于5月21日将其公布为我国首例兔出血症2型疫情。分子遗传进化分析发现，这两个场致病毒株VP60基因片段的核苷酸同源性为99.1%，与经典RHDV2毒株同源性为94.1%～98.3%，属于同一分支，与经典RHDV毒株的同源性为79.0%～80.0%，亲缘关系较远。

八、兔瘟的临床表现

兔病毒性出血症即"兔瘟"　主要引起成年家兔发病，临床上以体温升高、发病快、病死率高为特征。

1.最急性型　多见于流行初期或非疫区的青年兔和成年兔，多发生在流行初期，家兔突然发病倒地，抽搐尖叫，数分钟内死亡。死后四肢僵直，头颈后仰，少数鼻孔流血，肛门松弛，周围被毛有少量淡黄色胶样物，粪球外附有淡黄色胶样物。

2.急性型　多发于青年、成年兔。患兔精神萎靡不振，食欲减退，饮水增多，浑身瘫软，不喜动，气喘，呼吸困难，结膜潮红，体温普遍高达41℃以上。病程一般为1～3天。部分病兔死前出现神经症状，挣扎、全身颤抖、四肢不断作划船状，最后抽搐或发出尖叫而死。死亡后出现"角弓反张"，肛门严重污染，身上多处粘有稀粪。有5%～10%的患兔鼻孔流出泡沫状血液，有的耳内流出鲜血，肛门和粪球有淡黄色胶样物附着。孕兔发生流产和死产。

3.慢性型　多发生于流行后期的老疫区和3月龄以内的幼兔。潜伏期和病程较长，患兔体温升高到41℃左右，精神委顿，食欲减退甚至废绝，被毛粗乱无光泽，短时间内严重消瘦，多数病例可耐过，耐过病兔生长迟缓，发育较差。

4.兔瘟2型　主要引起仔幼兔发病，临床上仔幼兔大多突然死亡，无任何临床症状，死前尖叫，个别出现口鼻出血（图5-1），目前兔场发病规律一般为仔兔先发病，再怀孕母兔、哺乳母兔发病，最后幼兔发病。

（1）30日龄内仔兔病程　一般表现为急性病程，从发病到死亡的时间一般为2～3小时，一般表现为急性死亡，无临床征兆，死前四肢抽搐（图5-2），个别病例口鼻出血。

图5-1　鼻腔出血

图5-2　病兔抽搐死亡

（2）40～90日龄幼兔病程　大多数表现为急性病程，从发病到死亡的时间一般为2～3小时，有的病程可达12小时，死前尖叫、四肢抽搐，有的病例口鼻出血，大多数病例无临床症状。大多数发病兔场先是30日龄内仔兔发病，然后蔓延至该阶段的幼兔发病；有极个别的兔场表现为该阶段幼兔单独发病，仔兔不发病。

（3）怀孕哺乳母兔病程　一般当30日龄内仔兔发病5天后，怀孕母兔开始出现病例，从发病到死亡的时间一般在24小时内。目前还未见怀孕母兔单独发病的兔场。

（4）种公兔　未见种公兔发病兔场。

九、兔瘟的病理学

该病病理上以呼吸系统出血和全身实质器官出血为主要特征。单从临床症状和病理解剖很难区分RHDV和RHDV2，确诊需进行实验室检测。

1.最急性　患兔以全身器官淤血、出血、水肿为特征，膀胱积尿，内充满黄褐色尿液。有些病例尿中混有絮状蛋白质凝块，黏膜增厚，有皱褶。

2.急性型和慢性型

（1）喉头、气管及支气管黏膜淤血，特别是气管环间更为明显，呈深紫红色，内有许多淡红或血红色泡沫样液体（图5-3）。

（2）肺有不同程度充血、水肿，一侧或两侧有散在的针头至绿豆大暗红色斑点，密集成片，切开肺叶流出多量红色泡沫状液体（图5-4、图5-5）。

（3）肝脏淤血肿大，呈黄褐至红褐色，质地脆弱，被膜弥漫性网状坏死，而致表面呈淡黄或淡灰白色条纹，切面粗糙。胆囊肿胀，内充满浓稠胆汁。

图5-3　气管充血出血

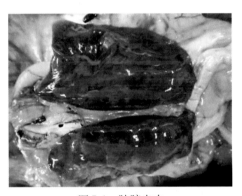

图5-4　肺脏出血

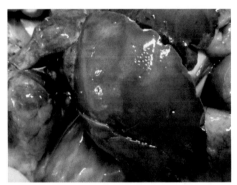

图5-5　肺脏出血

（4）脾脏淤血肿胀，呈紫色至黑红色，有的有出血点（图5-6）；肾脏充血、肿大，呈红褐色或紫红色，切面有小点出血图（5-7）。

图5-6　脾脏肿大

图5-7　肾脏出血

（5）肾脏皮质有不规则灰白色区，表面有散在的出血点。

（6）心脏显著扩张，心腔内有大量凝固不良的黑红血块，有的心内膜、心外膜有散在小出血点。

（7）胃肠黏膜呈卡他性炎症，胃肠多充盈，胃黏膜脱落；小肠黏膜充血，大肠多无明显病变；直肠内有胶冻样黏液和肛门有淡黄色黏液等。

（8）脑膜、脊髓膜和脑室内脉络丛的小血管扩张充血，大脑、小脑和脊髓切面均见血管扩张充血。

（9）胸腺肿大出血，膀胱积尿。孕母兔子宫充血、淤血和出血。全身各器官毛细血管均见弥散性血管内凝血。

十、兔瘟的诊断检测方法

我国将兔病毒性出血症（兔瘟）划分为二类动物疫病。近年来，随着对RHD研究的不断深入，在RHDV及其抗体检测方面取得了很大进展，特别是国内相应的研究报道较多，本文对相关的检测方法进行了阐述。

（一）临床诊断要点

1.兔瘟病毒1型　家兔感染经典RHDV后潜伏期一般为 1 ~ 3 天，随后开始出现发热症状（>40℃），通常在发热后的 12 ~ 36 小时内死亡。根据临床反应特点可将RHDV的感染分为以下3种类型。

（1）最急性型　被感染动物在没显现出任何明显临床症状的条件下突然死亡。

（2）急性型　病兔伴有厌食、精神沉郁、眼结膜充血等症状或者神经症状如角弓反张、过度兴奋、麻木、共济失调等；偶尔也会出现某些呼吸道症状如气管炎、呼吸困难或鼻腔流出带血泡沫样液体等；流泪、眼鼻出血等症状也会出现。

（3）亚急性型　与急性感染类似，但症状更缓和，症状包括全身性黄疸、厌食消瘦、精神萎靡等，部分感染家兔会在 1 ~ 2 周内死亡，但从感染中恢复过来的家兔体内会产生RHDV阳性血清，并能抵御该病毒的再次感染。

2.兔瘟病毒2型　RHDV2引起的疾病有5% ~ 70%的可变死亡率（平均为20%），可表现为猝死（即超急性或急性），或与经典的风湿性心脏病相反，表现为亚急性或慢性病。潜伏期在 3 ~ 9 天之间，临床症状最多可持续5天。一部分受感染的动物仍处于亚临床状态，可能会在几周内排出病毒。

（1）特急性型　常年性动物通常被发现死亡，没有任何先兆的临床症状。

（2）急性型　病兔最初表现出身体不适的迹象，并在开始发烧（温度超过40.1℃）后12～36小时内死亡。伴有严重低血压的循环性休克、出血（血尿、类似血液的呕吐性分泌物、泡沫和血样的鼻液或鼻出血）、神经体征和发声可以不同程度地出现。血液学异常包括白细胞减少、血小板减少、纤维蛋白性血栓和转氨酶显著增加。重症急性坏死性肝炎继发弥散性血管内凝血，其特征是各种器官广泛形成微血管血栓，常伴有加速纤维蛋白溶解导致的严重出血。

（3）亚急性（或慢性）　受感染的动物表现为一种长期的临床疾病，伴有严重的黄疸、食欲缺乏和嗜睡。死亡通常发生在临床症状出现1～2周后，通常是肝功能障碍的结果。

（二）剖解特征

1.诊断　临床检查怀疑RHDV2感染，剖检做出诊断，并经实验室检测确认。对于所有没有明显病因的猝死病例都应该怀疑RHDV2感染。

在野兔中，病兔的第一个症状通常是由于死亡率增加而导致的群体大量减少。据报道，近年来英国野兔数量下降，归因于RHDV2感染。野兔中RHDV2的暴发可能是季节性的，但临床表现、病理损伤和明确诊断与家兔相同。

2.尸体剖检　肝脏、肺和脾脏是RHDV的主要靶器官。剖检病死家兔发现，最主要的组织损伤是由RHDV介导的肝脏细胞坏死引起的急性肝炎和脾肿大。许多器官组织间都可见出血和淤血，尤其是在心脏、肺和肾脏内，这种症状主要是由弥散性血管内凝血导致的，这也是感染致死的主要原因。各组织器官主要病理变化如下。

（1）呼吸道　上呼吸道可见充血、斑点状出血，气管尤为显著，其黏膜弥漫性出血呈鲜红或暗红色，呈现"红气管"状。肺脏表面和实质内有出血斑，有时伴有肺充血和水肿，使肺脏呈花斑状。镜检下，肺脏毛细血管充血，肺泡腔内可见浆液性渗出，并伴有大量肺泡上皮细胞和红细胞。

（2）消化道　胃内积食，或胃扩张，呈卡他性胃肠炎。有时会有出血点分布于胃肠黏膜和浆膜上。

（3）肝脏　肝脏肿大质脆，呈黄褐色，肝表面有大小不一的坏死灶，呈"槟榔肝"外观。镜检下，可见心肌细胞变性、细胞核碎裂，大量肝细胞出现核碎裂和核浓缩现象并伴有脂肪变性，有大量坏死灶，肝组织内色素沉积，肝窦变窄且数目减少。

（4）肾脏　两肾呈现出不同程度淤血、肿大；肾表面分布有出血点，全肾增大、呈暗红色，呈现"大红肾"状，有的在肾脏表面夹杂有灰色的变性区，呈现花斑状外观。镜检下，肾小球的内皮细胞层间隙变宽，肾小体充血、淤血并有血浆渗出，肾小管上皮细胞变性或坏死。

（5）心血管系统　心室呈现出不同程度的扩张，心尖钝圆或呈现出双心尖外观。心腔、冠状动脉淤血或内淤积暗红色血液、凝血块。心内膜和心外膜上分布有散在的出血点。

（6）其他组织器官出血　如果存在出血，可发生在病兔身体的任何地方，但更常见的是腹部或腹膜后间隙出血。胸膜、心包、腹膜、肌肉、皮下组织和其他器官均可能有淤斑。

有研究者通过动物试验对RHDV2致病性和病理特征进行了探究，实验兔感染RHDV2后出现典型兔瘟临床症状，濒死时四肢抽搐、角弓反张，部分病死兔可见口鼻流出红色血液；剖检主要病变为肝脏肿大并伴有明显的小叶样改变，脾肿大，肺、肝、脾和肾出现充血和弥漫性点状淤血，腹腔内有血样渗出物；病理学观察可见多脏器严重出血、肿胀，淋巴细胞和中性粒细胞大量浸润，病死仔兔十二指肠组织严重糜烂，成年兔十二指肠病变较轻。

（三）血凝试验（HA）

HA是第一个用于RHD常规实验室诊断的试验。因为RHDV2表面活性与RHDV/RHDVa分离株相似，HA可用于也用于RHDV2诊断。HA试验应采用人O型红细胞，收集新鲜血液，在阿氏液中过夜，并在pH6.5的0.85% PBS中洗涤。当使用其他物种的红细胞时，HA的实验结果不太明显或者没有结果。将10%的肝脏或脾脏的组织匀浆双重稀释后的上清液与洗涤过的等量红细胞在密封的底部为圆形的微量滴定板中培养1小时，孵育温度为4℃，终点稀释度大于1/160的凝集被视为阳性。低滴度应视为可疑，并应使用其他方法进行检查。一些RHD分离株可能表现出温度依赖性而导致血凝特性有差异，仅在4℃下进行试验时才能显示HA活性。

使用HA方法检测时器官中的RHDV并不显著。为了证明病兔器官中的HA活性，应采用改进的方案：所有步骤均在4℃下进行，器官悬浮液用等量的氯仿处理，红细胞在pH不高于6.5的条件下使用。即使用这种改进方法，也只有大约50%的样本检测出了阳性。这是因为野兔的疾病通常是亚急性或慢性的，病毒具有病毒样颗粒的典型抗原和结构特征。

由于获得和保存人类红细胞存在困难，并且使用这些细胞时有一定的风险，以及难以获得一致的实验结果，所以血凝试验已被ELISA、RT-PCR和RT-qPCR所取代。

（四）PCR诊断

1.普通RT-PCR方法　由于RHDV/RHDVa分离株之间的序列变异水平较低，RT-PCR是检测RHDV的一种非常敏感的方法，其灵敏度至少是ELISA的10^4倍，比其他检测方法更方便快捷，因此RT-PCR是一种理想的RHD快速诊断方法。RT-PCR方法的阳性检出率由66.7%提升至77.8%，敏感性为HA试验8 000倍。

2.荧光定量RT-PCR　荧光定量PCR技术是一种新型的核酸检测技术，在临床诊断中已经用于病、病毒病及遗传性疾病的检测，具有极大的应用价值。RT-PCR是诊断RHDV的有效方法，无须考虑毒株的特性。该方法能快速检测临床样品中的RHDV，适用于兔子各种脏器及肌肉组织中RHDV的检测和快速诊断。

这些方法都是只针对RHDV或者RHDV2的检测，不能同时鉴别诊断RHDV和RHDV2，基于此，四川博策检测技术有限公司通过分析RHDV和RHDV2序列，根据*VP60*基因上差异序列设计了一对兼并引物和两条探针，可用于临床鉴别检测经典RHDV和RHDV2毒株，为RHDV感染的检测、鉴别以及流行病学调查提供了便捷的方法。

（五）新型检测技术

1.微流控芯片技术　微流控芯片技术以改良后的环介导等温扩增（LAMP）技术为基因扩增反应原理，在反应体系中加入金纳米颗粒，吸附ssDNA和蛋白酶，抑制升温过程中的非特异性反应，达到热启动的目的，避免在升温过程中非特异性反应的发生；结合改良后的LAMP技术与微流控芯片技术，可以快速、准确地检测区分兔瘟与兔瘟2型，同时，反应试剂预埋于微流控芯片上，实现双指标检测，又使用户操作简便。

2.镧系高敏荧光免疫层析法　镧系荧光免疫层析法是在时间分辨荧光免疫分析的基础上建立起来的一种超微量快速免疫检测技术，它集合了酶联免疫标记技术、放射标记技术和同位素标记技术的优点，具有灵敏度高、特异性强、稳定性好、无污染、测定范围宽、试剂盒寿命长、操作简单和非放射性等优点。成都微瑞生物科技有限公司用镧系免疫荧光分析结合双抗原夹心法检测血样中的兔瘟2型病毒抗体浓度，大大提高了检测的灵敏度和特异性，是在国内和国际上首创的检测兔瘟2型病毒抗体的新方法。

十一、兔瘟疫苗及免疫预防

本病潜伏期短，感染后2～3天迅速死亡，死亡率高达90%～100%。目前对该病尚无良好药物进行治疗，抗生素和其他药物对该病无效，仅可起到预防其他并发症的作用，疫苗接种是我国防治该病的主要手段。当前国内预防兔出血症常用的疫苗有：兔瘟灭活苗、兔瘟-巴氏杆菌病二联灭活疫苗、兔瘟-巴氏杆菌病-波氏杆菌病三联灭活疫苗。随着分子生物学的技术发展，基因工程苗的研究也有了很大的进展。

（一）组织灭活疫苗

组织灭活疫苗的制备原理是兔病毒性出血症病毒经0.5%甲醛溶液在37℃条件下能失去致病性而保持其免疫原性。制备过程是将兔瘟病毒接种健康兔，收取24～72小时死亡兔的肝脏、脾脏、肾脏，用灭菌生理盐水或磷酸盐缓冲液捣碎后，经0.5%甲醛溶液37℃灭活24h而制成。该疫苗在免疫后6～8天产生抗兔病毒性出血症病毒的HI抗体，16～18天时抗体效价最高，随后开始下降。在疫苗生产中，免疫佐剂起着重要的作用，加了佐剂的组织灭活苗克服了抗体峰值和抗体持续时间短的问题。随着动物免疫佐剂的研究进展，出现了黄芪多糖佐剂灭活疫苗、蜂胶佐剂灭活疫苗、铝胶佐剂灭活疫苗等，与常规的组织灭活疫苗相比，佐剂疫苗可以提高抗原的免疫原性，使机体迅速产生抗体，刺激机体相关免疫细胞的活化，使抗体效价维持天数增加，其中黄芪多糖佐剂灭活疫苗的效价维持时间最长。

组织灭活疫苗在我国长期以来一直具有良好的免疫效果，但该疫苗产生的抗体维持时间较短，一般在30～35日龄首免，60～65日龄二免，后备兔及母兔每隔3～5个月加强免疫，发病高峰季节还要补充免疫。不断的加强免疫增加了养殖成本，加上敏感兔日益减少，制作工艺烦琐，使养殖成本不断增加，且有一定的组织过敏反应。

（二）兔瘟-巴氏杆菌病二联苗

将兔瘟病毒接种健康兔，采取含毒组织（肝、脾、肾），经捣碎、稀释、过滤、灭活后，加防腐剂，进行无菌检验，制成脏器原液灭活液。将标准兔多杀性巴氏杆菌菌株接种于马丁琼脂斜面作为菌种，将菌种接种于马丁肉汤中含氧培养并加入杀菌剂、防腐剂等。然后按照比例加上氢氧化铝胶、蜂胶等佐剂配制成二联苗，经无菌、安全、效力实验和物理性状检验合格后备用。制备过程中优化生产工艺，提纯病毒，提高病毒含量和抗原含量，两种抗原之间无互相干扰，产生的两种抗体滴度均达到最高。该疫苗产生抗体快，5～7天即可产生较强的免疫效果；免疫期长，免疫期达6个月；兔瘟保护率95%，巴氏杆菌病保护率80%；12℃保存有效期达10个月以上。

二联苗、三联苗对兔瘟的防治有重要作用，效果明显、易保存，运输方便，可也存在灭活不完全引起的风险，加上如何平衡兔瘟和巴士杆菌病、波士杆菌病的免疫期差距和配制比例，以增强免疫力、延长免疫期、降低成本也是值得进一步研究的问题。

总之因为灭活苗的制备必须在兔体上进行，故都存在成本较高的问题和不符合动物福利的要求；部分商品疫苗效价不高，经常导致兔瘟免疫失败；病毒的灭活存在生物安全风险。近年来基因工程苗方面的研究有所突破，但是由于成本太高，未能在生产上推广，但是基因工程疫苗安全、高效，可应对变异株的出现，因此加快基因工程疫苗的研究是今后疫苗发展的重点。

（三）基因工程亚单位疫苗

VP60是RHDV的主要结构蛋白，是病毒衣壳的组成单位，与诱导抗病毒感染的免疫反应直接相关。通过基因工程技术将RHDV的VP60蛋白在真核表达载体中进行体外表达，所产生的表达蛋白自我装配成与RHDV大小和形态相似的病毒样颗粒（VLPs），该病毒样颗粒不含病毒核酸、无法复制和扩增、无感染性，但具有病原体活性，可激活固有免疫应答。

VLPs具有相当的免疫原性和更好的安全性，易被家兔免疫系统识别。用VLPs制备的疫苗低剂量免疫后就能刺激机体产生良好的免疫应答，免疫兔后即可产生较强的体液反应，保护性抗体可维持1年以上。VLPs疫苗作为一种新型的亚单位疫苗，具有稳定性高、免疫原性好、安全性高、适宜大规模生产等优点。江苏省农业科学院兔病学科团队研发的兔出血症病毒杆状病毒载体灭活疫苗（BAC-VP60株）获得国家新兽药一类注册证书，这是我国第一个兔用基因工程疫苗，也是世界上第一个获得政府许可证的兔瘟亚单位疫苗。该疫苗对家兔保护率为100%，免疫有效期达7个月，保存期长达24个月。

（四）重组病毒活载体疫苗

随着分子生物学的研究进展，除了传统的大肠杆菌、酵母和昆虫细胞表达

系统表达的亚单位疫苗外，出现了利用转基因马铃薯和植物叶片做宿主来表达的亚单位疫苗，利用植物进行口服免疫，对预防RHDV是一个全新的思路。重组疫苗对妊娠母兔和其繁殖率无任何的副作用，具有良好的生物安全性和稳定性。

用兔黏液瘤病毒作为RHDV的载体，可同时有效预防兔群的两大疾病，有效地降低了重组疫苗向非目标宿主散播的风险。利用致弱的兔黏液瘤病毒，既可保证病毒的水平传播特性，又避免了向自然界引入新病毒的危险。

兔病毒性出血症基因工程疫苗的研制及临床的成功应用，为我国养兔业在兔瘟防控领域找到新的方向，但是使用不同载体表达产物作为基因工程疫苗仍具有不同的缺陷，比如大肠杆菌表达的VP60具有不可溶性且免疫效果相对较差、重组兔痘病毒载体疫苗引起兔全身潜伏感染、重组病毒疫苗存在向环境扩散的安全问题、转基因植物表达量的不理想等，加上新的变异亚型的出现，传统的兔病毒性出血症疫苗无法对其保护，这就需要科研人员加快对基因工程疫苗的研发，使其发挥优良高效的免疫保护作用，以保障养兔业的健康发展。

此外很多学者还在研究兔病毒性出血症的核酸疫苗、细胞灭活苗，但都遇到很多难题，也是未来很长一段时间内需要研究的重点。所以就目前来说该病的预防接种还是按程序用组织灭活苗免疫接种。除进行免疫接种外，还应在生产过程中加强生物安全防范措施：坚持自繁自养，严格引种程序，搞好产地检疫；严格执行卫生防疫制度，搞好环境卫生和定期消毒；严格处置突发疫情，开展防范排查和检测流调工作，做好病死兔的无害化处理。

第二节　兔传染性口膜炎

传染性口膜炎是由传染性口炎病毒引起的兔的一种急性传染病，以口腔发生纤维素性渗出炎症为主要特征，因病兔伴有大量流涎，故又称为"流涎病"。

【流行特点】

1.该病主要侵害1～3月龄的幼仔兔，以断乳后1～2周龄的仔兔最易感，成年兔感染的较少，其他动物一般不受感染。

2.本病一年四季均有发病，尤以春、夏、秋季较多发。

3.病兔是主要传染源，自然感染途径主要是经消化道感染。健康兔因接触、食入病兔口腔分泌液或被病兔坏死黏膜污染的饲料、饮水，接触舌、唇和口腔黏膜而造成感染，死亡率可达50%。

4.吸血昆虫的叮咬也可以传播本病。饲喂霉烂变质饲料引起机体抵抗力降低、采食尖刺或发硬饲料引起口腔黏膜损伤可诱发本病。

5.该病毒对抗生素和磺胺类药物不敏感，常用的消毒药是氢氧化钠溶液和过氧乙酸溶液。

【主要临床症状】

初期，病兔采食、咀嚼困难，食欲缺乏，消化不良，精神沉郁，腹泻，消瘦，口腔黏膜潮红、充血、肿胀，唇、舌及口腔黏膜出现粟粒大至扁豆大充满纤维素性浆液的小结节或水疱，水疱破溃后形成溃疡或烂斑、味恶臭，同时有大量流涎。口、面部、颈、胸部被毛和前爪，经常被流涎沾湿，绒毛粘成一片。

如继发细菌性感染，则引起口腔黏膜、唇、舌发炎坏死，口腔疼痛等。

后期体温升至40～41℃，瘫痪，侧卧不起，终因过度衰弱而死亡。病程为2～10天不等，死亡率在50%以上。

【主要剖检病变】

1.唇黏膜、口腔黏膜、舌和齿龈上有水疱、脓疱、糜烂、溃疡，咽喉积有大量泡沫样唾液，唾液腺轻度红肿，舌下腺和腮腺发炎、肿大。

2.胃扩张充满酸性黏液，肠黏膜尤其是小肠黏膜有卡他性炎症。有时外生殖器可见到溃疡性病变。

【防治】

1.预防　加强饲养管理，经常检查饲草饲料，以柔软无刺、无异物、营养丰富、易消化为标准。千万不要饲喂发霉变质的饲料，以减少对家兔口腔黏膜的刺激。

坚持预防为主的策略，特别要加强卫生防疫措施。对兔舍、兔笼及用具用0.5%过氧乙酸或2%氢氧化钠溶液进行定期消毒。发现流涎的病兔，应及时隔离观察治疗。防止引进病兔。对可疑兔和健康兔，可内服磺胺二甲基嘧啶，每日1次，连续数日，进行药物预防。

2.治疗　对发病兔采取局部治疗和控制继发感染相结合的治疗措施。

（1）防腐消毒药液（硼酸溶液、高锰酸钾溶液、盐水等）冲洗口腔，然后涂以碘甘油或撒黄芩末（或冰硼散）。

（2）硫酸铜溶液涂洗口腔，撒上冰硼散，每天2次，或用青黛散共研为粉末撒布口腔，每天5次。

（3）内服磺胺嘧啶或磺胺二甲基嘧啶，每天1次，连用数天。

（4）吗啉胍、复方新诺明、维生素B1和维生素混合研末口服，每天2次，连服3天。

（5）碘甘油或食盐与食醋10 ∶ 1混合后涂敷口腔患处，溃烂者可涂甲紫溶液，每天早晚各1次，连用2 ～ 3天，以达到局部去毒、消炎、收敛效果。

第三节　仔兔轮状病毒病

仔兔轮状病毒病是由轮状病毒引起的仔兔的一种以厌食、委顿、呕吐、腹泻、脱水等为特征的肠道传染病。

【流行特点】

1.本病经消化道感染，主要侵害2 ～ 6周龄仔兔，尤以4 ～ 6周龄幼兔最易感，发病率和死亡率都很高，成年兔隐性感染而带毒，不表现临床症状。

2.本病常呈突然暴发，迅速传播。一旦发生本病，不易根除而每年连续发生。

3.病兔及带毒兔是主要传染源，病毒主要存在于肠道内，随粪便排到外部环境中，污染饲料、饮水、垫草及土壤等，经消化道途径传染易感家畜，包括兔、猪、家禽等多种动物。

4.多发生在晚秋、冬季和早春季节，寒冷、潮湿、不良的卫生条件、喂不全价的饲料和其他疾病的袭击等应激因素对该病的严重程度和病死率有很大影响。

【主要临床症状】

1.本病潜伏期为18 ～ 96小时。感染率可达90%～ 100%。

2.突然暴发，病兔昏睡、减食或绝食、排出稀薄或水样粪便。

3.病兔的会阴部或后肢的被毛都粘有粪便，体温不高，多数于下痢后3天左右因脱水衰竭而死亡，死亡率可达40%。

4.青年兔、成年兔大多为隐形感染，不表现症状，仅有少数表现短暂的食欲缺乏和排软便。

【主要剖检病变】

1.病变主要限于消化道。

2.解剖检查可见空肠和回肠部的绒毛呈多灶性融合和中度缩短或变钝，肠细胞变扁平，肠腺变深。某些肠段的黏膜固有层和下层水肿。小肠肠壁菲薄、半透明，内容物呈液状、灰色或灰黑色。

3.有时小肠广泛出血，肠系膜淋巴结肿大。

【防治】

1.预防

（1）要特别注意加强断奶兔的饲养管理，做好卫生及防寒保温工作，建立严格的卫生制度。饲料配合要合理，饲料种类相对稳定，变换时要逐渐过渡。

（2）坚持严格的卫生防疫制度和消毒制度，不从本病流行的兔场引进种兔。

（3）坚持预防为主，特别要加强卫生防疫措施，增强母兔和幼兔的抵抗力。发生本病时，及早发现、立即隔离、全面消毒，对于死兔及排泄物、污染物一律深埋或烧毁。巴氏灭菌、70%酒精、3.7%甲醛溶液、16.4%有效氯制剂等均可将其杀灭。

2.治疗　对于病兔要进行隔离，可用高免血清进行对症治疗，可以通过补液来补充体内的水、盐分丢失，维持体液平衡，增强机体的抵抗力。用收敛止泻剂防止细菌继发感染、补液等可降低病兔死亡率。

第四节　兔黏液瘤病

兔黏液瘤病是由兔黏液瘤病毒引起的一种高度接触性、致死性传染病，常给养兔业造成巨大损失。临床上以全身皮下，尤其是颜面部和天然孔、眼睑及耳根皮下发生黏液瘤样肿胀为特征。

【流行特点】

1.本病有高度的宿主特异性，只侵害家兔和野兔，人和其他动物无易感性。致死率可达95%以上，但流行地区死亡率逐渐下降。

2.病兔是主要的传染源。该病的传播主要有两种途径，一是直接接触传染，健兔与病兔，或与被病毒污染的饲料、用具、饮水及环境等接触而感染；二是以节肢动物为媒介的间接传染，以蚊子、跳蚤、蝇、虱、疥螨等吸血昆虫传播为主。病兔可通过眼、鼻等分泌物向外排毒。

3.本病一年四季均可发生，每年7—11月多发，此时病毒能较长时间保持活力，媒介昆虫又有良好的繁殖条件。湿洼地带发病较多。

【主要临床症状】

1.最急性的严重病例呈现耳聋，体温升高至42℃，眼睑水肿，48小时内死亡，死前大脑抑制。

2.急性潜伏期为2～8天。感染初期表现为结膜炎而流泪，眼睑水肿、下垂。同时，在肛门、外生殖器、口和鼻孔周围常见到炎症和水肿；而后发展为耳根部剧烈肿胀，直至波及整个耳部，由于皮下组织的黏液性水肿，病兔头部呈"狮子头"特征。病程发展到9～10天时肛门、性器官周围、上下唇和鼻孔周围的发炎彼此蔓延，直至全身，开始肿胀部位硬而凸起、边界不清楚，进而充血、破溃流出淡黄色的浆液。病兔直到死前不久仍保持食欲。病兔大都在病后的第二周出现皮肤出血和死前惊厥，病死率达100%。

3.近年来，病毒出现了呼吸型变异株，无须媒介昆虫参与，仅经接触传染，因此一年四季均可发病。潜伏期长达20～28天，家兔患病初期表现卡他性鼻炎和结膜炎，继而转为脓性，病兔具有呼吸困难、摇头、喷鼻等表现，皮肤病变轻微，仅在耳部和外生殖器的皮肤上见有炎症斑点，少数病例的背部皮肤有散在性肿瘤结节。痊愈兔可获18个月的特异性抗病力。

【主要剖检病变】

1.特征性的眼观病变是皮肤肿瘤和皮下胶冻样浸润，颜面与身体自然孔周围的皮下充血、肿胀及脓性结膜炎和鼻漏。表皮、真皮及皮下组织可见胶状或纤维瘤肿瘤、出血性坏死。

2.心内、外膜有散在出血点，胃肠浆膜和黏膜下有淤血斑点。偶见脾脏肿大，在肿大的脾内有突起的脾小体，脾可见黑色软化。淋巴结水肿出血，肺气肿、充血。肝可呈花斑状或含有黄色斑点。

【防治】

1.预防

（1）预防主要靠注射疫苗。近年来推荐使用的MSD/S株等疫苗都安全可靠，免疫效果更好。作为预防接种使用时，推荐应用于各种兔；地方流行区的兔，一年一次，主要在5—6月进行免疫。

（2）严禁从有本病的国家或地区进口兔和未经消毒的兔产品，以防本病传入。

（3）新兔在消毒结束后、解除隔离后8周左右，才允许放入饲养群。

（4）坚持兽医消毒制度，控制传播媒介，消灭各种吸血昆虫及鸟类，防止饲料、饮水及用具等污染。在发现疑似本病发生时，应向有关部门报告疫情，并迅速做出确诊，坚持采取扑杀病兔、销毁尸体、选用2%～5%甲醛溶液彻底消毒及紧急接种疫苗等应急防控措施，把疫情消灭在萌芽中，杜绝后患。

2.治疗　本病目前无特效的治疗方法。

第五节　兔　痘

兔痘是由兔痘病毒引起的家兔的一种急性、热性、高度接触性传染病，其特征性症状表现为病兔皮肤上出现红斑、丘疹、结节、痂皮或呈现广泛性坏死，鼻腔和眼内流出黏性分泌物，内脏器官发生结节性坏死。

【流行特点】

1.本病一年四季均可发生，仅在兔类动物中传染发病且传播迅速，各种年龄的兔均易感，但幼兔和妊娠兔发病率、死亡率较高。

2.病兔是主要的传染源，其鼻腔分泌物中含有大量的病毒，病原体通过病兔口鼻分泌物的飞沫在空气中传播，可经污染的饲料、笼具与饮水传染。本病主要通过呼吸道和消化道感染，也可通过损伤的皮肤和黏膜感染。

3.病兔康复后可获得终生免疫且不再带毒。幼兔的死亡率可达70%左右，成年兔为30%～40%。

【主要临床症状】

1.在老疫区一般潜伏期1～2周，而新发区仅潜伏3～7天。

2.感染初期病兔表现精神沉郁、食欲减退，体温升高至41℃，流大量鼻液，呼吸、脉搏次数增加。病毒在鼻黏膜内繁殖，后在呼吸道淋巴结、肺和脾内繁殖。

3.本病的特征性症状是扁桃体、腹股沟淋巴结和腘淋巴结肿硬。

4.病程进行5天后，即在出现淋巴结肿大后大约1天开始出现皮肤症状：皮肤红斑性疹，随后变成丘疹，保持细小的丘疹或者发展为直径达1厘米的结节，丘疹中间凹陷坏死、干燥形成浅表的痂皮；病灶可分布于全身各处，多见于口腔和鼻腔黏膜上皮及耳、眼、背部、腹部和阴囊等处。

5.病兔几乎都有眼睛损害，引起畏光、流泪，继而发生眼睑炎，严重者发生弥漫性、溃疡性角膜炎或化脓性眼炎，后发展为虹膜炎、虹膜睫状体炎，甚至角膜穿孔。有时眼睛变化是唯一的症状表现。

6.该病也会影响神经系统，出现运动失调、痉挛、眼球震颤、肌肉麻痹，如肛门和尿道括约肌也可发生麻痹，发生尿潴留。

7.公兔常出现严重睾丸炎，同时伴随有阴囊广泛水肿，包皮和尿道出现丘疹。怀孕母兔发生流产、死产，并发支气管肺炎、鼻炎、喉炎和胃肠炎等。母兔阴唇也会出现丘疹。

8.病兔一般感染7～12天后死亡。成年兔的死亡率约为10%～20%，幼兔可达70%。

9.也有病兔表现非痘疱型，呈急性经过，仅表现不食、发热和不安，偶尔在舌、唇部黏膜有少数散在丘疹，有时发生眼结膜炎和腹泻，一般感染1周后死亡。

【主要剖检病变】

1.剖检主要病理变化是皮肤损伤。皮肤可见局部丘疹或广泛坏死和出血。

2.口腔、上呼吸道出现丘疹或结节，相邻组织水肿或出血。

3.内脏器官如肝脏、脾脏、肺脏等亦出现丘疹或结节，相邻组织水肿或出血。心脏有炎性损害；肝肿大，呈黄色，整个实质有很多白色结节和小的坏死灶；脾肿大，有灶性结节和坏死；肺中布满小的灰白色结节，有弥漫性肺炎及灶性坏死；胆囊也有小结节；胃肠道主要在腹膜和网膜上出现病灶性斑疹。

4.睾丸、子宫、卵巢布满白色结节，睾丸显著水肿和坏死。

5.肾上腺、甲状腺、胸腺和唾液腺都有坏死灶；皮下水肿，其中口和其他天然孔的水肿较为多见。

【防治】

1.预防　本病的防治以预防为主。

（1）加强卫生防疫措施，加强饲养管理，保持兔舍通风、干燥，引入新兔要严格检疫、隔离观察，避免引入传染源。

（2）一旦发病，需立即采取严格的隔离措施，消毒并扑杀病兔，尸体深埋或焚烧，做无害化处理，健康兔紧急接种牛痘疫苗，接种后很快能产生抵抗力，免疫期能达半年左右。也可使用病后康复兔的血清皮下注射，每天1次，连用2天。

（3）该病毒对干燥、热和碱敏感，在发生疫情的时候可用3%烧碱、20%石灰乳和稀碘酊对兔舍和笼子进行消毒。

2.治疗　治疗时，采取对症治疗，痘疹局部可用涂碘酊，破溃痘疹用3%苯酚或0.1%高锰酸钾溶液冲洗后再涂碘甘油，应用磺胺类药物控制并发症。

第六节　兔纤维瘤病

兔的纤维瘤病是由纤维瘤病毒引起的一种良性肿瘤性传染病，特征是皮下和黏膜下结缔组织增生，发生良性肿瘤。该病毒属于兔痘病毒属（黏液瘤病毒属），病毒粒子为砖形。

【流行特点】

1.各种年龄的兔都可感染发病，在新生兔可引起全身症状和致死性感染。各品种的兔均有易感性，但野兔有抵抗力。

2.东方白尾灰兔是本病毒的天然宿主。

3.本病一般呈良性经过，一年四季均可发生，但多见于吸血昆虫大量滋生的季节。

4.简单的直接接触不能引起本病传播，也不能通过胎盘和乳汁传给后代，但人工接种可引起感染。本病的自然感染是由吸血昆虫传播的，蚊、蚤、臭虫等吸血昆虫为本病的传播媒介。

【主要临床症状】

1.自然感染的病例，在腿或脚的皮下形成肿瘤，肿瘤呈球形，坚实，可移动。

2.肿瘤最大直径可达7厘米，厚一般为1～2厘米。良性肿瘤仅限于皮下，不附着于深层组织，触摸可在皮下移动。

3.有时肿瘤也发生在口部和眼周围。肿瘤可保持几个月，个别病兔保持一年，但病兔全身功能正常。

4.病兔精神、食欲正常，局部无炎症坏死反应，呈良性经过。

5.发生恶性纤维素肿瘤时，病兔全身多处出现弥散性纤维黏液瘤，伴发化脓性结膜炎、鼻炎，病兔多数死亡。

【主要解剖病变】

1.局部皮下组织轻微增厚，继而变为界限清楚的软肿，随肿瘤增大而逐渐变硬。

2.肿瘤由纺锤形和多角形结缔组织细胞组成，肿瘤基部有明显的淋巴细胞积聚，由于压迫性缺血，覆盖在肿瘤上的表面物质变性，接着上皮和肿瘤可发生坏死和腐烂。但在多数情况下不出现坏死和腐烂，而是肿瘤消退，通常在肿瘤出现后两个月内完全消退。

【防治】

1.预防　加强饲养管理，搞好兔舍及环境卫生，坚持消毒制度，彻底消灭吸血昆虫，控制传播媒介、切断传播途径，可减少本病的发生；一旦发病，需立即采取捕杀、消毒、烧毁等措施。对假定健康群，立即用疫苗进行紧急预防注射；病兔和可疑兔应隔离饲养，待完全康复后再解除隔离；兔笼、用具及场所必须彻底消毒；感染纤维瘤病毒的兔，不仅能抵抗本病的再感染，对兔黏液瘤病也有坚强的抵抗力。

2.治疗　目前该病尚无有效的治疗方法。

第七节　兔流行性肠炎

兔流行性肠炎是由病毒引起的一种急性肠道传染病，临床特征以严重的水样腹泻为主。

【流行特点】

1.本病发病于断奶后育肥期的幼龄兔，各品质的兔均有易感性。

2.消化道是本病主要的传播途径，也可以经过鼻感染。

3.饲养管理不良，饲料污染、发霉以及气候突然变化等利于本病的发生与流行。

4.本病一年四季都可能发生，尤以冬、春季为甚。

【主要临床症状】

1.病兔食欲减退，体温没有明显变化，腹部膨胀呈球状，脱水，被毛粗乱。

2.病兔出现严重的水样腹泻。

3.一般感染该病3天后开始出现死亡，4～7天达到死亡高峰，8～10天时逐渐减少，抵抗力强者自愈，弱者死亡。

【主要剖检病变】

1.胃肠内充满大量液体，结肠内可见大量半透明黏液。
2.肠道以及其他脏器没有明显的炎性变化。

【防治】

1.预防

（1）加强对兔群的饲养管理，坚决不饲喂污染以及霉烂的饲料。
（2）搞好环境卫生，保持清洁，定期对兔舍兔笼消毒。
（3）发生本病时立即隔离病兔进行治疗。对笼舍及用具等，用0.5%过氧乙酸或2%氢氧化钠溶液进行全面彻底的消毒。病死兔及其排泄物、污物等一律烧毁，防止扩大传播。

2.治疗　目前没有有效疗法，一般采用止泻、补液等措施，以保护病兔胃肠黏膜，改善胃肠功能，并进行抗菌消炎，防止继发感染。

第八节　兔的其他病毒病

一、兔乳头状瘤病

兔乳头状瘤病是由乳头状瘤病毒引起的各年龄段家兔均易感的一种传染病。通过蚊虫叮咬传播。乳头状瘤多出现在皮肤或口腔。出现在皮肤上的乳头状瘤多呈黑色或暗灰色，表面覆有一层厚的角质层；出现在口腔的乳头状瘤多呈灰白色，结节状。病兔精神沉郁，食欲多无大的变化，随着病程的延长，肿瘤多自行消退，不能消退的良性肿瘤可能转化为恶性肿瘤。

本病无特效治疗方法，发现病兔应及时隔离淘汰。加强饲养管理，经常进行有效消毒，严禁引进病兔，做好夏、秋季节的防虫灭蚊工作。

二、兔胸水渗出病

兔胸水渗出病是以发热、眼色素层炎、胸水渗出和持续性病毒血症为特征的一种传染病。本病仅限于实验室用于梅毒螺旋体传代的实验兔感染，因此可在实验室之间传播，本病的发生都是通过人给兔接种兔胸水渗出病毒或含有该病毒的睾丸悬液造成的，兔胸水渗出病毒可由病兔自然交配传给同笼健康兔。本病对兔有不同程度致病性，感染后兔出现急性发热病症，间或死亡。感染的兔出现巩膜混浊、结膜、虹膜充血，偶尔眼前房充血；气管黏膜潮红，流清涕；心肌表面有红色条纹；右前胸腔静脉扩张；肺水肿，胸腔多积有淡黄色黏稠液体，静置后液体凝固；下颌、颈、腋下、腹股沟和咽淋巴结潮红，膀胱积尿。

兔感染兔胸水渗出病毒可产生免疫应答，病兔血清中免疫球蛋白G浓度比正常水平高，无毒株能诱导机体抵抗强毒株的攻击。在没有人为的兔体内传代时，该病毒可能以无毒株形式存在于自然界中。只有在兔体内连续传代时，病毒毒力才能增强和稳定，因此用兔作为实验动物进行研究时，需考虑该病毒的干扰作用。

三、兔疱疹病毒病

兔疱疹病毒病是兔的一种潜伏性、慢性传染性疾病，以皮肤和黏膜的红斑及丘疹病变为特征。本病毒在兔的各种传代细胞系内生长良好。在实验病例中，兔在皮内接种病毒后4～7天，于注射部位出现红斑和丘疹，通常在2周后消失。有时人工感染后，兔子出现全身性反应，表现为厌食、腹泻、消瘦、体温升高及皮肤丘疹，或出现心肌炎；有时出现角膜炎症，造成角膜细胞肿胀及空泡化；通过睾丸内接种病毒感染健康兔时，会出现睾丸炎及体温上升。

第六章　兔细菌性传染病

第一节　兔巴氏杆菌病

兔巴氏杆菌病又称兔出血性败血病，是由多杀性巴氏杆菌引起的一种急性、热性、出血败血性呼吸道传染病。急性暴发可造成兔群大批死亡，慢性由于病情持续时间长，且可出现混合感染，难以根治。

【流行特点】

1.家兔在各种应激因素刺激下，如天气突变，兔舍潮湿阴冷，春季昼夜温差较大，饲养管理不善，兔舍内过分拥挤、通风不良，长途运输，突然更换饲料，饲养及卫生状况不良和其他致病菌的协同作用下，均可使兔体抵抗力降低而诱发此病。此外，引进带菌兔也是本病发生和流行的重要原因。

2.各种年龄、品种的家兔都易感染，尤以2～6月龄兔发病率和死亡率较高。

3.该病病原由病兔的分泌物、排泄物如唾液、鼻液、粪、尿等通过呼吸道、消化道和皮肤、黏膜的伤口传染给健康兔。通过吸血昆虫媒介也可感染。

4.本病一年四季均可发生，但以气候多变的春、秋两季最为多见，常呈散发或地方性流行，发病率从20%～70%不等；潜伏期为数小时至5天或更长。

【主要临床症状】

1.败血症型　败血症型常与其他病型混合发生，多呈急性经过，病程短的在24小时内不出现任何症状而突然死亡，病程较长的1～3天死亡。病兔表现食欲废绝、委顿、行为呆滞、畏缩在笼内一角、呼吸困难、皮肤及可视黏膜发绀、体温升高到41℃以上、流浆液性脓性鼻液，伴有下痢。其他受感染的兔只表现为肺炎和胸膜炎，呼吸急促且困难、打喷嚏、流黏性或脓性鼻涕、食欲减退、排黏稠状粪便（呈绿灰色）、关节肿胀、结膜发炎，病程在1～2周左右，病情严重者卧笼不起、四肢抽搐，最后衰竭死亡。

2.鼻炎型　此型最常见，病程可达数月或更长。病初流浆性鼻液，后转为黏液性至脓性鼻液（图6-1），打喷嚏、咳嗽，病兔用前爪抓擦鼻部，使鼻孔周围的被毛潮湿、黏结甚至脱落，上唇及鼻孔处皮肤红肿发炎，被毛杂乱、板结，后期鼻涕变稠，在鼻孔周围形成痂皮，堵塞鼻孔而导致呼吸困难，常因病原菌感染而伴发结膜炎、角膜炎、中耳炎、皮下脓肿和乳腺炎等。

3.肺炎型　常呈急性经过。虽有肺炎病变发生，但临诊上难以发现肺炎症状，有的很快死亡，有的仅食欲不振、体温较高、精神沉郁。

4.中耳炎型　也称斜颈病。单纯的中耳炎常无明显症状，但如病变蔓延至内耳及脑部，患兔表现为斜颈歪脖，严重时向一侧翻滚，采食、饮水困难（图6-2）。当病兔脑膜和大脑受损害时，出现运动失调及其他相关的神经症状。

图6-1　流脓性鼻液

图6-2　中耳炎、偏颈

5.结膜炎型　此型多发生于幼兔，眼结膜和结膜炎多为双侧性，眼睑中度肿胀，结膜发炎并红肿，分泌浆液性或黏液性分泌物且常将上下眼睑黏住。当转为慢性时，引起流泪，经久不止。

6.生殖器感染型　母兔表现子宫内膜炎，出现阴道流出浆液性、黏性和脓性分泌物等子宫炎症状，卧立不安，屡配不孕；公兔一侧或双侧睾丸肿大发炎，配种率降低。此类病症多发生于成兔。

7.脓肿型　患兔全身各部位皮下有大小不等的肿块和脓肿包。但内部器官的脓肿通常不表现出临床症状，易引起败血症而死亡。

【主要剖检病变】

1.败血症型　喉、肺、心脏、肠黏膜、肝脏、脾、膀胱等均有出血或不同程度的充血点。鼻黏膜充血并附有黏稠分泌物；喉与气管黏膜充血、出血，有散在性出血点，其管腔中有红色泡沫，气管各环之间，有带状溢血；肺严重充血、出血、水肿；胸腔积有较多的淡黄色液体，心内、外膜有出血斑点；肝肿大、淤血、变性、质脆，表面有许多灰白色坏死病灶；肠黏膜充血、出血；脾、淋巴结肿大、出血。肾脏布满出血点。胃底黏膜脱落，黏膜下有条状出血斑（图6-3～图6-5）。

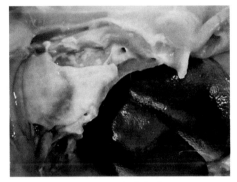

图6-3　胸腔积液

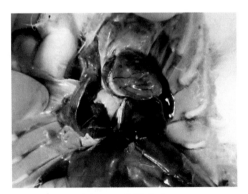

图6-4　肺脏出血

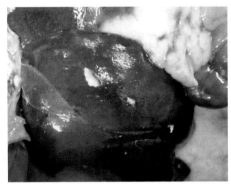

图6-5　肝脏肿大

2.鼻炎型与肺炎型　鼻黏膜潮红、充血肿胀或增厚，有时发生糜烂，黏膜表面附有浆液性、黏液性或脓性分泌物。鼻窦和鼻旁窦黏膜也充血、红肿，窦内有分泌物积聚。气管黏膜充血、有散在出血点，气管内有大量红色泡沫。肺部病变的性质为纤维素性化脓性胸膜肺炎，病变多位于尖叶、心叶和膈叶前下部，包括实变、膨胀不全、脓肿和灰白色小结节病灶，肺胸膜与心包膜常有纤维素附着；胸腔积液；淋巴结色红、肿大。

3.中耳炎型　化脓性鼓室内膜炎和鼓膜炎，一侧或两侧鼓室内有白色奶油状渗出物；病的早期鼓膜和鼓室变红，鼓膜破裂时白色奶油状渗出物流出外耳道。如炎症由中耳、内耳蔓延至脑部，则可见化脓性脑膜脑炎变化。

4.生殖器感染型　母兔表现子宫内膜炎，子宫黏膜呈化脓性卡他性变化，其表面有脓性分泌物，子宫腔积脓；公兔一侧或双侧睾丸肿大发炎。

【防治】

1.预防

（1）加强饲养管理　提高饲料品质、平衡营养水平，降低饲养密度；兔舍温度基本保持恒定，通风换气良好，避免各种应激反应。养殖场户最好坚持自繁自养，建立一个无病菌的核心群。购进种兔要隔离饲养，待观察一段时间后，确认健康无病方可入群。

（2）做好清洁卫生　保持笼舍清洁卫生，采用兔笼、空气、地面三结合立体消毒法（兔笼用喷灯消毒，地面用2%的烧碱水或戊二醛癸甲溴铵溶液消毒，空气用1：800稀释的百毒杀或强力消毒灵、喷雾消毒）。出入兔场人员要严格消毒，同时做好带兔消毒工作。

（3）预防接种　健康兔群在多发季节定期注射兔巴氏杆菌疫苗或兔病毒性出血症-多杀性巴氏杆菌二联灭活苗进行预防，增强兔免疫力。

2.治疗　采取早发现、早诊断、早治疗的原则；对于亚急性、慢性型治疗应对症下药。

（1）青霉素、链霉素肌内注射，每天2次，连用3～5天；同时内服磺胺二甲基嘧啶，每天3～4次。

（2）在兔群中用盐酸恩诺沙星拌料，连喂5天。对病情严重者再肌注庆大霉素，每天2次，连用5天。

（3）磺胺嘧啶或磺胺二甲基嘧啶内服，每天2次；也可静脉注射或肌内注射，每天2次。

（4）卡那霉素肌内注射，每天2次，连用3～5天。

（5）0.1%高锰酸钾水或2%～3%硼酸溶液清洗鼻腔；或1%复方薄荷脑滴鼻液滴鼻。

（6）血清治疗（多用于急性病例）：给患兔皮下注射巴氏杆菌多价血清，8～10小时后再重复注射一次。

（7）中药可用金银花、菊花、板蓝根、煎服；黄连、黄芪、黄柏、煎服，每天1剂，连服2～3剂。

第二节　兔魏氏梭菌病

兔魏氏梭菌病又称产气荚膜杆菌病，是引起兔急剧腹泻、排黑色水样粪便、脱水为主要特征的肠毒血症疾病，各种年龄、品种的兔都易感染，致死率较高，对养兔业造成严重经济危害。

【流行特点】

1.魏氏梭菌即产气荚膜杆菌，革兰氏阳性菌，分为A、B、C、D、E、F、G七种型，其中，兔魏氏梭菌病主要是由A型魏氏梭菌产生的外毒素引起的肠毒血症，多呈地方流行或散发。

2.各种年龄、品种的兔都易感染，多见于1～3月龄幼兔。

3.该病主要通过消化道传染，传染源为病兔、带菌兔及其排泄物。

【主要临床症状】

急剧腹泻是本病的主要症状。病兔突然发病，粪便从变形、变软到呈带血的胶冻样、黑色水样发展迅速，并伴有恶臭、腥臭味，肛门附近、后肢及尾部受稀粪污染，被毛粗乱（图6-6～图6-9）。随着拒食、脱水等症状的出现，渐渐消瘦死亡。

图6-6　黑色水样腹泻

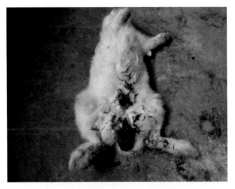

图6-7　腹泻死亡、黑色稀粪

图6-8　水样腹泻

图6-9　黑色水样腹泻

【主要剖检病变】

剖检病死兔，胃黏膜有出血斑和黑色溃疡点，胃内容物为黑绿色，偶见胃底黏膜脱落和出血；肠浆膜出血，小肠壁薄且透明，盲肠和结肠内充满气体及墨绿色稀粪；肝肿大，质地变脆，脾、肾呈深褐色，膀胱黏膜有散在出血，内有茶色尿液（图6-10～图6-15）。

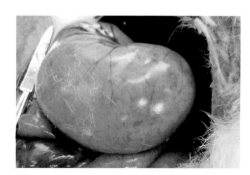
图6-10　胃溃疡

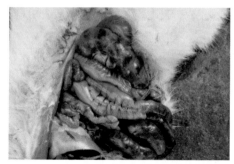
图6-11　肠浆膜出血、充满气体和稀粪

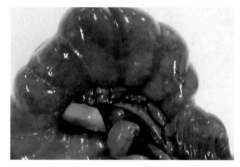
图6-12　肠道膨气

图6-13　肠道膨气出血

图6-14　肝脏质脆

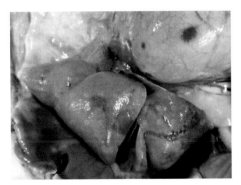

图6-15　肝脏质脆、胃壁黑色溃疡斑块

【防治】

1.预防

（1）病死兔和淘汰兔的处理　对症状严重的患病兔和病死兔，立即将患病兔、尸体及其分泌物、排泄物、剩余饲料等进行无害化处理，消灭传染源；将轻症兔进行隔离观察治疗，并在饮用水中加入电解质和维生素，增加群体抵抗力。

（2）环境消毒　用火焰枪彻底喷扫兔笼，用0.1%新洁尔灭浸泡水槽、料槽并刷洗干净，最后用3%的火碱彻底消毒。

（3）加强饲养管理　清除全场料槽的剩余饲料，提高饲喂品质，避免饲喂发霉变质饲料，可逐步添加粗纤维饲料；严格全进全出；保持兔舍卫生，加强通风；梅雨季节做好防霉处理，夏季做好防暑工作，冬天注意保暖。

2.治疗　对发病兔肌内注射阿米卡星，间隔24小时重复用药，连续用药3天；对全场兔用新霉素拌料给药，以及10%阿莫西林拌料，连续使用5天；同时对全场兔紧急进行魏氏梭菌病（A型）灭活疫苗免疫。

第三节　兔梅毒

兔梅毒，即兔密螺旋体病，是一种外生殖器、肛门、面部（口腔周围、鼻尖）皮肤及黏膜发生炎症、结节和溃疡为主要特征的慢性传染病。

【流行特点】

本病病原为兔密螺旋体，传染源为病兔，主要通过交配行为经生殖道传染，也可通过病兔污染的饲料、垫草、用具等经由损伤的皮肤感染。多发于性成熟的成年兔，在兔群中流行时，发病率高，死亡率低。

【主要临床症状】

1.潜伏期为2～10周，患病兔外生殖器发红、肿大，阴茎水肿，龟头肿大，肛门周围伴有栗子样结节，结节溃烂后形成溃疡。

2.红肿和结节部位有渗出物，逐渐在溃疡上形成紫红色结痂。

3.患病兔常因痒痛而抓挠患处，致使感染口腔周围及鼻尖等处，一般无全身症状。

4.有时患病兔外表健康，仅淋巴结感染，故长时间带菌。

5.该病对公兔性欲影响不大，对患病母兔的配种能力影响较大，受胎率降低。

6.该病可自然康复，亦可重复感染。

【主要剖检病变】

1.性器官发生炎症，患部痂皮下溃疡面湿润、边缘不整，易出血，有疼痛感。

2.有时可见腹股沟淋巴结和咽淋巴结肿大。

【防治】

1.预防

（1）严防引入病兔。新购入兔须隔离饲养，并仔细检查外生殖器。推荐自繁自养。

（2）配种前仔细检查公兔、母兔的外生殖器，对于疑似病兔应停止配种、隔离饲养、治疗观察，淘汰重症兔。

2.治疗

（1）发病初期治疗选用新胂凡纳明，用灭菌蒸馏水配成5%溶液静脉注射，两周重复一次；或用青霉素进行肌内注射，每天2次，连续使用4～5天。

（2）局部用0.1%高锰酸钾溶液或2%硼酸溶液清洗，再涂擦碘甘油。

（3）禁止在治疗期间配种。

第四节　兔大肠杆菌病

兔大肠杆菌病是由致病性大肠杆菌及其分泌的毒素引起的急性肠道传染病，常发于仔兔，以水样腹泻、败血症和肠毒血症为主要特征，是养兔业的常发病之一。

【流行特点】

1.本病四季均可发生，春、秋季气温变化较大，夏季潮湿闷热、卫生条件差，冬季兔舍空气不流通等都易引起发病。

2.多发于断奶时至3月龄的仔兔。由于幼兔消化道功能较弱，肠道微生物菌群不成熟，抵抗力较差，易发生大肠杆菌病。而断奶前的仔兔，所食母乳中的免疫物质对大肠杆菌有一定的抵抗作用，发病率低于断奶后仔兔。

3.本病传染性强。兔群中一旦有个别兔发生大肠杆菌病，极易引起同笼甚至邻笼兔陆续发病，继而扩散至整个兔群，形成暴发。

【主要临床症状】

1.最急性　未见任何症状即突然死亡。

2.急性　病程短，1～2天死亡，少有康复。

3.亚急性　病程7～8天，病兔精神不佳，被毛粗乱，腹部肿胀；初期排出大量明胶样淡黄色黏液和干粪，有时可见排出带有黏液的粪球，逐渐转变为带有黏液的严重腹泻；腹部、后肢、肛门粘有黏液和水样稀便；病兔消瘦，眼眶下陷，最后因脱水、衰竭而死亡（图6-16、图6-17）。

图6-16　兔便秘

图6-17　腹泻软粪

【主要剖检病变】

病变主要发生在胃肠道，胃部膨大；十二指肠内充满气体和混有胆汁的黏液，肠管膨大，肠黏膜有散在出血点；回肠内有胶冻样内容物，回肠黏膜脱落，肠壁呈薄而透明状；成年兔或病程较长患病兔的结肠、盲肠黏膜水肿、充血，有少量出血点；胆囊扩张，黏膜水肿；小肠肿大，内有含气泡的胶质透明液体（图6-18、图6-19）。

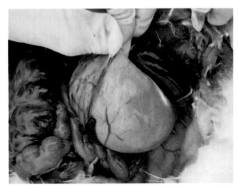

图6-18　胃部膨大

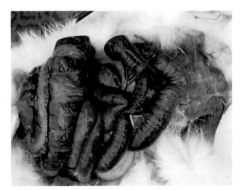

图6-19　小肠壁充血

【防治】

1.预防

（1）加强饲养管理　严格消毒，保持兔舍干燥，通风良好；提高饲料品质、避免饲喂变质或发霉的饲料，饲料搭配合理，保证粗纤维含量；仔兔断奶时，应逐渐添加易于消化吸收的饲料，避免造成肠道应激从而引发本病，可在饲料中添加0.5%微生态制剂，连续饲喂5天；更换饲料时应有一周左右的过渡期逐步替代。

（2）免疫接种　有条件的养殖场可分离本场的大肠杆菌菌株，制成灭活疫苗进行针对性免疫预防。

2.治疗　发现病兔立即隔离治疗，同时对兔舍、用具等彻底消毒，避免扩散感染。

大肠杆菌易产生耐药性，因此治疗时切勿长期使用同种药物，应交替联合用药；有条件的养殖场可在用药前做药敏试验，选择敏感性好的药物以达到更好的治疗效果。

（1）肌内注射链霉素，每天2次，连续用药5天。

（2）口服诺氟沙星，每天2次，连续服用3天。

（3）对脱水严重的病兔进行补液，静脉注射10%葡萄糖盐水，灌服维生素C、黄连素。

（4）口服益生菌，每天1次，连续服用3天。

第五节　兔波氏杆菌病

兔波氏杆菌病是由支气管败血波氏杆菌所引起的以鼻炎、支气管炎和脓疱性肺炎为特征的呼吸道传染病，常和巴氏杆菌病、李氏杆菌病并发，是家兔的常见病。

【流行特点】

1.本病多发于家兔，各年龄兔均易感，成年兔因抵抗力强，一般发病少或呈慢性经过。

2.病兔和带菌兔为主要传染源，其他动物如犬、猫、鼠、鸡等也可带菌。

3.主要通过飞沫传播，经呼吸道感染。

4.本病多发于早春和秋冬季节；气温变化大、兔舍空气污浊或其他病使兔抵抗力下降时，均可引发本病。

【主要临床症状】

波氏杆菌病潜伏期为7～10天，分为鼻炎型和支气管肺炎型。

1.鼻炎型。常呈地方性流行，且长期不治愈；鼻腔留出浆液性或黏液性分泌物，偶见脓性物质；有时可见鼻中隔萎缩；仔兔和青年兔患病多表现为鼻炎型。

2.支气管肺炎型。喷嚏不止，呼吸急促，鼻腔内有黏性或脓性分泌物；食欲缺乏，日渐消瘦，几天或数周死亡，有时病程可达数月。

3.仔兔多为急性经过，鼻炎症状后即呼吸困难并出现败血性症状，病程为2～3天。

【主要剖检病变】

1.病死兔鼻孔周围有脓性结痂，鼻腔内有浆液性、黏液性或脓性分泌物；鼻腔和气管黏膜水肿、充血。

2.肺部心叶、尖叶出现大小不等的脓疱，严重时波及全肺叶；脓疱内充满黏稠、乳白或灰白色的脓汁，可引起心包炎、胸膜炎、胸腔积脓等（图6-20、图6-21）。

3.肝脏或肾脏表面也可见大小不等的脓疱。

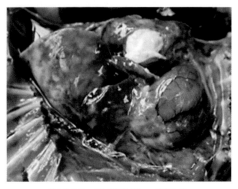 

图6-20　肺部化脓，有脓点　　　　　　　图6-21　肺部化脓症状

【防治】

1.预防

（1）加强饲养管理　定期消毒，改善兔舍环境，加强饲养管理。

（2）定期免疫接种　可选用兔巴氏杆菌-波氏杆菌二联苗，或巴氏杆菌-波氏杆菌-兔病毒性败血症三联灭活苗进行免疫接种，免疫有效期为4～6个月，每年接种2次。

（3）做好检疫工作　对于新购入种兔应做好检疫工作，隔离观察1个月后，经细菌学检测和血清学检测为阴性，再入群。

2.治疗

（1）对患有脓疱的病兔治疗效果较差，建议淘汰。

（2）轻症病兔隔离治疗，氟苯尼考、卡那霉素、庆大霉素、红霉素、四环素、磺胺类药物均有一定疗效。

（3）肌内注射10%氟苯尼考注射液每天1次，连续用药3天。

（4）肌内注射庆大霉素，每天2次。

（5）饲料喂服磺胺二甲基嘧啶；将磺胺噻唑钠溶于水中饮用。

第六节　兔沙门氏菌病

兔沙门氏菌病是由鼠伤寒沙门氏菌和肠炎沙门氏菌引起的以腹泻、败血症为主要症状的消化道疾病，对养兔业的主要危害在于妊娠后期流产及死产，降低生产效率，造成经济损害。兔沙门氏菌病难根除，所以做好对本病的防治尤为重要。

【流行特点】

1.本病对妊娠母兔的危害较大，仔兔也易感。

2.主要经消化道感染，健康兔食用了被污染的饲料、饮水后感染；仔兔可经子宫及脐带感染。

3.引发兔沙门氏菌病的鼠伤寒沙门氏菌和肠炎沙门氏菌对外界抵抗力较强，但对消毒药物抵抗力弱。

4.饲料供应不足、管理不善、卫生条件差、兔患有其他疾病，都能促进本病的发生和传播。

5.老鼠、蝇类可能是本病的传播者。

【主要临床症状】

1.感染仔兔多表现急性腹泻、食欲降低或拒食、大量饮水、体温升高、迅速死亡。

2.妊娠母兔患病主要症状为妊娠后期流产、死产；母兔流产后多死亡，少数康复后也不可再受孕。

【主要剖检病变】

1.剖检可见内脏器官充血、出血，脾脏和肠淋巴结肿大，肺、肝、肾有出血点或坏死灶。

2.急性死亡病例剖检可见肝、脾、肾、肺部和胸膜充血、出血，严重的呈纤维素肺炎，肠道无明显病变。

3.流产母兔子宫肿大，伴有化脓性子宫炎，浆膜和黏膜充血，偶见黏膜上有淡黄色、纤维素污物；有时出现子宫黏膜充血、出血或溃疡。

4.未流产的妊娠母兔剖检可见子宫内有木乃伊胎或液化胎；阴道黏膜充血并有脓性分泌物。

【防治】

1.预防

（1）加强饲养管理，提高兔群抵抗力，避免应激影响。

（2）保持笼舍清洁卫生，对各生产工具进行定期消毒，消灭鼠患蚊蝇，切断传染源。

（3）预防接种。由于抗生素滥用，沙门氏菌病的耐药问题已日益严重，可

使用自制灭活疫苗进行一次或两次免疫，能有效防控该病。

2.治疗　肌内注射土霉素，每天分2次注射，连续用药3天。

第七节　兔结核病

结核病是家兔较少见的疾病，以肺、肾、肝、脾和淋巴结的肉芽性肿性炎症及非特异性症状为特征。家兔结核病的主要病原是牛型结核分枝杆菌，禽型和人型结核分枝杆菌也能引起该病。

【流行特点】

1.本病主要通过呼吸道传播，消化道、皮肤创口以及交配、脐带也能传播感染。

2.本病一年四季都能发生，多为散发。

3.饲养管理不当、营养状态欠佳，兔舍潮湿、阴暗等都能促使该病的流行。

【主要临床症状】

病兔食欲缺乏，消瘦、被毛粗乱；呼吸困难，黏膜苍白；眼睛虹膜变色，晶状体不透明；常有腹泻出现；可见骨骼变形，可能发生脊椎炎和后躯麻痹。

【主要剖检病变】

1.各器官有淡褐色至灰色的坚实结节。结节一般少见于脾，多见于肺、脏层与壁层胸膜、心包膜、支气管淋巴结、肠系膜淋巴结等。

2.支气管和纵隔淋巴结肿大含有干酪样坏死。

3.小肠、盲肠、阑尾、盲肠浆膜上呈现溃疡，溃疡周围肠壁有干酪样坏死。

4.消化道内的溃疡区常位于淋巴结组织处。

5.剖检可见尸体消瘦、贫血。

【防治】

1.预防

（1）饲养管理条件提高能够显著减少此病传播的风险。

（2）新引进的兔，必须通过隔离观察检疫合格后，才能进入兔群。

（3）搞好日常清洁卫生。

（4）养兔的地方要远离养牛、鸡、猪等动物的地方，减少病原传播机会。

（5）患有结核病的人员不能做饲养员。

2.治疗 本病治疗意义不大，一般选择淘汰患病兔。

第八节 兔伪结核病

本病是由伪结核耶尔森氏菌引起的兔的慢性消耗性传染病。特征是病兔肠道、内脏器官、淋巴结出现干酪样坏死结节。

【流行特点】

1.鼠类和带菌兔是伪结核耶尔森氏菌的自然贮存宿主和传染源。传播的主要途径是消化道（污染的饲料和饮水），也可经皮肤、呼吸道、交配传染。

2.各种年龄阶段与品种的家兔都有易感性。

3.本病一年四季都可以发生，多见于冬、春寒冷时节。

4.兔营养不良、生活环境差、寄生虫等均可促使本病的发生。

【主要临床症状】

1.病兔腹泻、消瘦、被毛粗乱、精神不振。

2.多数有化脓性结膜炎。

3.少数呈急性败血性经过。体温升高、呼吸困难、委顿、食欲废绝，死亡很快。

【主要剖检病变】

1.小肠淋巴结肿胀、坏死。

2.圆小囊淋巴结结节、坏死特别严重。

3.黏膜、浆膜、脾、肝、肾、肺可见许多密集的灰白色干酪样小结节。

4.脾脏肿大，呈紫红色。

5.肠系膜淋巴结肿大，有灰白色坏死灶。

6.败血性病例，肝、脾、肾严重淤血，肠壁血管怒张，肺脏和气管黏膜出血，全身肌肉呈暗红色。

【防治】

1.预防

（1）定期消毒、灭鼠，防止饲料、饮水、用具的污染。

（2）可预防注射伪结核耶尔森氏菌多价灭活苗，皮下或肌内注射，免疫期6个月。每年免疫2次，可以控制该病。

2.治疗

（1）可采用链霉素，肌内注射，每天2次。

（2）内服四环素片，每天2次。

第九节　兔葡萄球菌病

葡萄球菌病是家兔和野兔很常见的一种传染性疾病，是以致死性脓毒败血症和各器官各部位的化脓性炎症为特征。病原是金黄色葡萄球菌。

【流行特点】

1.畜禽和人都能感染，而以家兔尤其敏感。

2.病兔（特别是患病母兔）是主要传染源。经创口和天然孔道或直接接触感染，也可以经消化道和呼吸道感染。

3.本病一年四季都可发生。

【主要临床症状】

1.仔兔脓毒败血症　仔兔出生2~3天，皮肤上出现粟粒大小的脓肿；多数仔兔在2~5天内呈败血症死亡；少数病兔脓包逐渐变干、消失，痊愈（图6-22）。

2.仔兔急性炎症　由仔兔吃了患乳房炎母兔的乳汁而引起，一般全窝都发病；病兔肛门被毛污秽、昏睡、体质弱，2~3天内死亡率相当高。

3.转移性脓毒血症　皮下或内脏器官内形成一个或几个脓肿，由结缔组织囊包围，触诊时柔软而有弹性；病变部位初期红肿、硬实，形成脓肿；有可能患皮下囊肿（图6-23）。

4.乳房炎　出现在分娩后的最初几天；乳房肿胀，发红甚至青紫色；乳汁中混有脓液、凝乳块、血块；病兔出现发热、萎靡不振、食欲降低的情况；慢性乳房炎时常在皮下，或在乳房实质内形成大小不一、界限分明、坚硬的结节，以后软化为脓包。

5.脚皮炎　常见于后肢区的内侧皮肤；病兔行动困难，食欲低，消瘦；后肢内侧皮肤开始时充血、肿胀、脱毛，然后形成溃疡。

6.呼吸道感染　引起鼻炎，病兔用爪搔鼻部，有可能引发眼炎、结膜炎。

图6-22　刚出生仔兔身上的化脓点

图6-23　下颌部化脓性脓包

【主要剖检病变】

病兔皮下和内脏器官剖开可见数量不等、大小不一的脓包；有的病灶中可见呈砂粒状的葡萄球菌胶团；脓包包膜完整，内含浓稠的乳白色脓液（牙膏状分泌物），有时破溃流出脓汁（图6-24～图6-26）。

图6-24　皮下脓肿、牙膏状分泌物

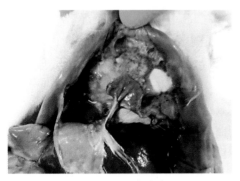

图6-25　肺脏脓肿

图6-26　脓包、牙膏状分泌物

【防治】

1.预防

（1）保持兔笼、运动场的清洁卫生，清除锋利物体，以免造成家兔创伤而感染。

（2）勤于观察母兔的乳汁是否充足。如果乳汁过少，则乳头容易被仔兔咬破，使葡萄球菌乘机侵入，此时应适当增加优质饲料和多汁饲料。如果乳汁过多，则不能使乳兔充分吸吮，乳头管扩张时葡萄球菌也比较容易侵入，解决办法是在产仔前后适当减少精料。

（3）对于刚出生的乳兔用3%碘酊等涂抹脐带开口处，避免葡萄球菌感染。

2.治疗

（1）患病母兔在分娩前3～5天，饲料中添加土霉素，或磺胺嘧啶，能够预防本病。

（2）患病场可采用金黄色葡萄球菌培养液制成菌苗，对健康兔皮下注射，预防本病的流行。

（3）全身治疗采用磺胺类或抗生素类。

（4）采用新霉素Ⅱ或Ⅲ，肌内注射或口服，每天2次，连用4天。

（5）可考虑红霉素，用蒸馏水溶解再用5%葡萄糖溶液稀释后，每天2次，静脉注射。

（6）局部治疗按溃疡常规处理：3%碘酊、青霉素软膏、红霉素软膏等。

（7）卡那霉素，肌内注射，每天2次，连用3～5天。

（8）金霉素，口服，每天1次，连用4天。

第十节　兔布鲁氏菌病

本病是由布鲁氏菌引起的一种人畜共患的以生殖器官发炎、流产、不孕和各种组织的局部病变为特征的慢性流行性传染病。

【流行特点】

1.本病主要通过消化道、皮肤、黏膜以及交配传染，血吸虫也能传播此病。

2.各个品种的兔都有易感性，性成熟的家兔最易感。母兔比公兔易感，野兔比家兔易感。

3.一年四季都可发生该病，常为散发。

4.将兔与其他动物混养、野兔进入兔场、环境污染、血吸虫大量滋生等，都可造成本病的流行。

【主要临床症状】

1.病兔体温升高、精神委顿。

2.孕兔流产、子宫发炎，从阴道排出大量分泌物，有的出现脓性或血样分泌物。

3.公兔附睾、睾丸肿胀。

4.有的出现脊椎炎，造成后肢麻痹。

【主要剖检病变】

1.母兔子宫内有脓液，黏膜溃疡或坏死。有时可在完整的绒毛尿囊膜上出现浅表化脓性渗出液或膜的纤维化以及坏死。

2.肝脏、脾脏、肺脏和腋下淋巴结发生肿胀。

3.公兔的附睾和睾丸可能出现炎性坏死和化脓灶。

【防治】

1.预防

（1）兔场不与其他动物合建兔舍，并对不同兔群分开饲养管理，以免相互传染。

（2）定期对周围环境进行消毒处理。

（3）消灭老鼠和各种吸血昆虫，禁止其他动物进入兔场。

（4）发病兔及时处理，流产胎儿和分泌物经彻底消毒后一律深埋，兔肉不要食用。

（5）饲养员接触病兔或流产物时，注意自身防护，以免感染。

2.治疗

（1）治疗可以采取链霉素，每天2次肌内注射，连用5天。

（2）土霉素治疗，每天2次肌内注射，连用5天。

（3）磺胺嘧啶，每天2次肌内注射，连用3天。

（4）子宫炎可以采取0.1%高锰酸钾溶液冲洗，然后放入金霉素胶囊，每天1次。

（5）睾丸炎采取局部温敷，涂擦消炎软膏。

第十一节　兔李氏杆菌病

本病是人畜共患传染病。家兔感染本病后以突然发病、死亡或流产为特征。

【流行特点】

1.本病传染源较多，病兔和带菌动物的分泌物、排泄物及受其污染的饲料、用具、水源和土壤都可能传播该病。

2.经消化道、呼吸道、眼结膜、损伤的皮肤表面等传染该病。

3.本病多为散发，有时呈地方性流行。具有发病率低、死亡率高的特点。

4.幼兔和妊娠母兔易感性高。

5.本病多发于冬季和早春季节。

【主要临床症状】

1.急性型多发于幼兔。病兔体温高达40℃，精神委顿，不食，鼻腔黏膜发炎，流出浆液性或黏液性分泌物，死亡迅速。

2.亚急性型主要表现为中枢神经机能障碍，病兔做转圈运动，头颈偏向一侧，运动失调，怀孕母兔流产或产木乃伊胎，一般1周内死亡。

3.慢性型病兔表现子宫炎、流产、从阴道内流出红色或红棕色分泌物，出现中枢神经机能障碍等症状。

【主要剖检病变】

1.肝脏有散在或弥散性、针头大小的淡黄色或灰白色坏死点。心肌、肾、脾也有相似变化。

2.淋巴结肿大或水肿。

3.胸腔、腹腔或心包内有多量清澈液体。

4.肺出血性梗死或水肿。

5.慢性型病兔除上述症状外，还表现子宫内积聚化脓性渗出物或暗红色液体。

6.妊娠兔子宫内有变性胎儿或灰白色凝乳块状物，子宫壁增厚，有坏死病灶。

7.个别出现神经症状，脑膜、脑组织充血、水肿。

【防治】

1.预防

（1）做好日常卫生防疫工作，驱除鼠类和其他啮齿类动物，防止从疫区引进兔。

（2）病兔的肉尸和皮毛必须经无害化处理。

（3）从事与病兔相关工作的人员应做好自身防范工作。

2.治疗

（1）治疗药物首选四环素或土霉素，内服，每天2次。

（2）肌内注射青霉素，每天2次，连用3～4天。

（3）肌内注射10%磺胺嘧啶钠注射液，每天2次，连用3天。

（4）青霉素和庆大霉素联合肌内注射，每天2次，连用3～5天。

第十二节　兔链球菌病

兔链球菌病是由溶血性链球菌引起的一种急性败血性传染病，以四肢麻痹和呼吸道症状为特征。

【流行特点】

1.病兔和带菌兔是主要的传染源。

2.病兔的分泌物、排泄物污染饲料、饮水、用具以及周围环境，经健康兔的上呼吸道黏膜或扁桃体而传染该病。

3.饲养水平下降、兔受寒感冒、长途运输等因素使机体抵抗力下降时，诱发该病。

4.本病一年四季均能发生，但以春秋两季多见。

5.本病发病急，传播快。

【主要临床症状】

1.精神委顿、沉郁，体温升高。

2.呼吸困难，有间歇性腹泻。

3.后期病兔俯卧于地上，四肢麻痹，伸向外侧，头支地，呈爬行姿势。

4.鼻孔中流出白色浆液性或黄色脓性分泌物，鼻孔周围潮湿，粘有鼻分泌物。

【主要剖检病变】

1.喉头、气管黏膜出血，肝脏肿大淤血、出血及坏死。

2.个别病例肝脏有大量黄色坏死灶，呈片状或条状，表面粗糙不平。

3.脾、肾出血，心肌色淡。

4.肺脏有出血点，各脏器及淋巴结出血。

【防治】

1.预防

（1）及时隔离、治疗发病兔和可疑兔。

（2）病死兔不要剥皮利用，应深埋或焚烧处理。

（3）加强兔舍卫生管理，对受污染的圈舍、环境等进行消毒，防止饲料和饮水被病原污染。

2.治疗

（1）采用肌内注射卡那霉素，每天4次；也可口服，每天4次。

（2）肌内注射青霉素，每天4次。

（3）口服复方新诺明。

第十三节　兔肺炎球菌病

兔肺炎球菌病是由肺炎链球菌所引起兔的一种呼吸道病。本病的特征为体温升高、咳嗽、流鼻涕及突然死亡，多呈急性经过。

【流行特点】

1.本病发生有明显的季节性，一年四季均可发生，以春末夏初、秋末和冬季多发。

2.不同品种、年龄、性别的兔对本病都有易感性，但仔兔和妊娠兔最易感。

3.幼兔发病多为地方性流行，成兔为散发，本菌为呼吸道的常在菌。

4.气候突变、长途运输、兔舍卫生条件恶劣、饲养密度过大等因素一旦导致兔的抵抗力下降，都能诱发此病。

【主要临床症状】

1.病兔萎靡不振、食欲减退、体温升高、咳嗽、流鼻涕。

2.孕兔出现流产，或产出弱仔，成活率低。

3.母兔产仔率和受孕率下降。

4.个别病兔发生中耳炎，出现滚转等神经症状。

【主要剖检病变】

1.本病的病变主要在呼吸道。

2.气管黏膜充血，出血，气管内可见粉红色黏液和纤维素性渗出物。

3.肺部可见大片出血斑或水肿，严重的病例出现脓肿，整个肺化脓坏死。

4.病兔肝脏肿大，脂肪变性。

5.脾肿大，子宫和阴道黏膜出血。

6.常有纤维素性胸膜炎、心包炎，心包胸膜与肺胸膜粘连。

7.耳朵易发生化脓性炎症。

8.新生仔兔患病后主要出现败血症变化。

【防治】

1.预防

（1）加强饲养管理，搞好环境卫生和消毒工作，以控制本病发生。

（2）冬季做好兔舍的防护工作，防止兔群受冷等不良应激因素的发生。

（3）经常观察兔群，发现病兔马上隔离、消毒、治疗。

（4）对未发病的兔可用诺氟沙星类药物进行预防。

2.治疗

（1）发病时用新霉素或青霉素肌内注射，每天2次，连用3天。

（2）也可采用磺胺二甲基嘧啶，每天2次，连用3天。

（3）用高免血清治疗效果也很好。

第十四节　兔肺炎克雷伯氏杆菌病

兔肺炎克雷伯氏杆菌病是以肺炎克雷伯氏杆菌引起的兔咳嗽、咳出白色脓性黏液及引发小叶性肺炎为特征的呼吸道传染病。

【流行特点】

1.各品种、年龄兔均有易感性，但幼兔易感性高。

2.青年、成年兔患病以肺炎及其他器官化脓性病灶为主要病变特征，幼兔患病以剧烈腹泻和迅速死亡为特征。

3.饲养环境不良，卫生条件恶劣，家兔抵抗力下降、感冒，气候突变，更换饲料等均可引发此病。

【主要临床症状】

1.病兔精神沉郁、呼吸困难、体温升高。

2.病兔行动迟缓、不食、饮水增加、进行性消瘦。

3.病初常咳嗽，咳嗽时有白色脓性分泌物咳出。

4.病程较长者，食欲不佳、繁殖力下降、排褐色糊状粪便、肛门周围毛被污染。

【主要剖检病变】

1.两侧肺脏出现小叶性肺炎，肺表面散在少量粟粒大深红色病变；严重时肺发生肝变，质地变硬，切面干燥呈紫红色。

2.肠管黏膜充血、出血，以盲肠浆膜最严重；肠腔内有大量黏稠物和气体，肠系膜淋巴结肿大。

3.腹腔有淡黄色积液。

4.肝脏肿大，有少量灰白色坏死点。

【防治】

1.预防

（1）注意清洁卫生，做好防鼠、灭鼠工作。

（2）加强饲养管理，提高兔的体质，减少和避免各种应激。

（3）一旦发现病兔应及时隔离治疗、消毒，并对死亡兔严格处理。

2.治疗　患兔用链霉素、庆大霉素、卡那霉素治疗，每天2次，连续3天，有一定效果。

第十五节　兔棒状杆菌病

兔棒状杆菌病是由鼠棒状杆菌和化脓棒状杆菌引起的一种慢性传染病，以实质性器官及皮下形成小化脓灶为特征。

【流行特点】

1.家兔对本病很敏感。

2.污染的土壤、垫草或由于剪毛等其他原因发生的外伤接触感染，或污染的饲料、饮水等进入家兔消化道都能感染此病。

3.本病多为散发，春季、冬季易发。

【主要临床症状】

1.本病无明显症状。

2.表现为逐渐消瘦、食欲下降。

3.皮下发生脓肿及有变形性关节炎等。

【主要剖检病变】

病兔的肾脏、肺脏有小脓肿病灶；皮下也有脓肿病灶；切开病灶脓肿后流出淡黄色、干酪样脓液。

【防治】

1.预防

（1）加强饲养管理，搞好卫生工作，定期消毒，防止发生外伤感染。

（2）一旦发现外伤，立即涂碘酊或甲紫，防止伤口感染。

2.治疗

（1）用硫酸链霉素注射液治疗，肌内注射，每天2次，连用5～7天。

（2）也可选择青霉素肌内注射，每天2次，连用5～7天。

（3）新胂凡纳明用灭菌蒸馏水或生理盐水配成5%溶液，耳部静脉注射，治疗效果较好。

第十六节　兔土拉杆菌病

本病又名野兔热，是由土拉杆菌引起的一种人畜共患的急性、热性、败血性传染病。以体温升高，淋巴结肿大，肝、脾肿大并充血及其他内脏器官多发性灶状坏死为主要特征。

【流行特点】

1.啮齿动物是本病的主要携带者及传染源，最主要的宿主是野兔群。

2.本病主要通过吸血昆虫的叮咬传播。也可以通过消化道、呼吸道、损伤的皮肤和黏膜感染。

3.本病多发于春末夏初，一般呈地方性流行。

4.当兔体抵抗力下降时易发生该病。

【主要临床症状】

1.一般发生鼻炎，体表淋巴结肿大、化脓，体温升高。

2.幼兔多呈急性败血性经过，高热，死亡迅速。

【主要剖检病变】

1.干酪样淋巴结炎以及内脏器官的干酪样坏死。

2.呈败血性经过时，脾肿大、呈暗红色、可见针尖大白色病灶。

3.淋巴结肿大，有坏死灶。

4.肝充血，有许多针尖大的白色病灶。

5.肺脏充血并有实变区。

6.骨髓也有灶状坏死区。

【防治】

1.预防

（1）应驱除兔场内野生啮齿动物和吸血昆虫。

（2）本病发生后应隔离病兔，消毒场舍用具，进行凝集反应试验和变态反应试验，直至全群变为阴性，并将吸血昆虫驱除之后，方可认为康复。

（3）预防须避免接触患病动物及被污染的环境，有关工作人员应注意防护，对于可疑的肉品及其他产品必须经无害化处理，更积极的措施是清除传染源和传染媒介物。

2.治疗

（1）本病治疗以链霉素最有效，每天2次，连用4天。

（2）也可采用金霉素治疗，用5%葡萄糖溶液溶解后静脉注射，每天2次，连用3天。

（3）对于该病治疗，一定要尽早，病后期治疗效果不佳。

第十七节　兔坏死杆菌病

坏死杆菌病是兔的一种由坏死杆菌引起的散发性传染病，以皮肤、皮下组织（尤其是面部、头部和颈部）、口腔黏膜的坏死、溃疡和脓肿为特征的散发性传染病。

【流行特点】

1.家兔对此病易感性很高。

2.被病兔和带菌兔的分泌物、排泄物污染的外界环境，可能成为传染源。

3.本病主要通过损伤的皮肤、口腔以及消化道黏膜传染。

4.幼兔比成年兔更容易感染此病。

5.本病多为散发，若诱发疾病的因素很多，也可以呈地方性流行。

【主要临床症状】

1.病兔采食停止，流口水，体重迅速减轻。

2.唇部、口腔黏膜以及齿龈、脚底部、四肢关节以及颌下、颈部、面部以致胸前等处皮肤和皮下组织发生坏死性炎症，形成脓肿、溃疡。

3.病灶破溃后散发恶臭气味。

【主要剖检病变】

1.口腔黏膜与皮肤及其深层组织有坏死、溃疡与化脓等病变。

2.局部淋巴结肿大，也可能有坏死灶。肝、脾多有坏死或化脓灶。

3.有时可见肺部坏死灶、胸膜炎、腹膜炎、心包炎甚至乳房炎，坏死组织有特殊臭味。

4.四肢有深层溃疡病变。

【防治】

1.预防

（1）加强饲养管理，保持兔舍卫生，防止皮肤黏膜损伤，如有损伤应及时治疗。

（2）注意隔离病兔，做好消毒及卫生工作。

2.治疗

（1）局部治疗：首先除去坏死组织，口腔以0.1%高锰酸钾溶液冲洗，然后涂碘甘油或10%氯霉素酒精溶液，每天1次。

（2）在皮肤炎症的肿胀期，可用5%来苏儿或3%过氧化氢溶液冲洗，然后涂鱼石脂软膏；如局部有溃疡形成，清理创面后涂以抗生素软膏（如土霉素软膏、青霉素软膏）。

（3）全身治疗：磺胺二甲基嘧啶肌内注射，每天2次，连用3天；青霉素腹腔注射，每天2次，连用3天；土霉素肌内注射，每天2次，连用3天。同时结合对症疗法。

第十八节 兔螺旋体病

本病又称莱姆病，是由伯氏疏螺旋体引起的经蜱传播的，以叮咬性皮肤损伤、发热、关节肿胀疼痛、脑炎、心肌炎为主要特征的人畜共患传染病。

【流行特点】

1.本病主要通过蜱和其他吸血昆虫的叮咬而传播，也可以通过接触而水平传播，或随蜱类粪便污染创口而感染。

2.本病多发于6—9月，具有明显的季节性。

3.本病一般呈地方性流行。

【主要临床症状】

1.皮肤红斑、发炎等。

2.严重时引起动物发热、关节肿胀、疼痛以及神经系统、循环系统出现相应的临床症状。

【主要剖检病变】

1.四肢关节肿大，关节囊增厚，含有大量的淡红色滑液。

2.全身淋巴结肿胀，有心肌炎、肾小球炎等。

【防治】

1.预防

（1）夏、秋季可用驱避剂与杀虫药，驱除及杀灭蜱类。

（2）搞好兔舍卫生，做好消毒工作。

（3）发生疫情及早诊断，隔离病兔进行治疗。

（4）工作人员要穿防护服，注意自身防护。

2.治疗

（1）初期治疗可选择青霉素、多西环素等进行治疗。

（2）青霉素治疗，肌内注射，每天2次。

（3）多西环素治疗，每天1次。

第十九节 兔 炭 疽

兔炭疽是由炭疽杆菌引起的以败血症变化、脾脏显著肿大、皮下以及浆膜下有血性胶样浸润、血液凝固不全呈煤焦油状为特征的一种急性、热性人畜共患传染病。

【流行特点】

1.各种年龄、各种品种的兔都有易感性，但纯种兔发病率和死亡率高于杂交兔。

2.本病主要通过消化道和呼吸道传播，也能通过吸血昆虫的叮咬传播。

3.本病多发于夏季，但无特定的发病季节限制。

4.雨水多、吸血昆虫多、洪水泛滥均容易引发该病。

【主要临床症状】

1.病兔体温升高、精神委顿、身体缩成一团呈昏睡状、不喝水、不吃食。

2.口鼻流出清、稀黏液，颈、胸、腹下严重水肿。

3.个别出现头部水肿、眼球突出的情况。

4.发病后2天左右死亡。

【主要剖检病变】

1.病死兔尸僵不全，颈、胸、腹及臀部水肿，切开水肿部流出微黄白色胶样水肿液，血液凝固不良。

2.气管严重出血，肺轻度充血。

3.心肌松软，心尖有出血点，心血呈酱油色。

4.肝充血、肿大、质脆。

5.胆囊肿大，充满黏稠胆汁。

【防治】

1.预防

（1）加强环境卫生管理，严格消灭各种吸血昆虫，严禁其他动物进入兔场。

（2）不饲喂污染的饲料以及饮水，兔舍、兔笼、用具等定期彻底消毒。

（3）发生外伤要及时进行外科处理，必要时注射抗炭疽血清。

（4）发生疫情，及时上报，不让动物进出兔场。

（5）工作人员要做好自身防疫工作。

2.治疗

（1）治疗可采用血清疗法，用抗炭疽血清，肌内注射，每天1次，连用3天。

（2）青霉素治疗，肌内注射，每天2次，连用5天；也可用链霉素治疗。

（3）同时注意强心、补液、解毒等对症治疗。

（4）对于局部水肿部位，应先切开，排出异物以及水肿液，再用0.1%高锰酸钾溶液或3%过氧化氢溶液冲洗干净，洒上青霉素粉末，每天处理1次。

第二十节　兔类鼻疽

兔类鼻疽是由类鼻疽假单胞菌引起兔的一种细菌性传染病。该病是人畜共有的传染病，灵长类动物、猪、山羊、绵羊、羚羊、马属动物、牛、骆驼、狗、猫、兔等都可感染。但人不会传给其他人或动物，动物也不会传给人或其他动物。兔类鼻疽以受害器官的脓性炎症和特异性肉芽肿结节，鼻、眼出现分泌物，呼吸困难为主要特征。

【流行特点】

1.该病的自然疫源性与病原菌生存环境的温度、湿度、雨量及土壤均有密切关系。降水量与本病的发生成正相关，雨季和洪水泛滥季节更易造成类鼻疽的流行。

2.本病大多通过损伤的皮肤黏膜或吸血昆虫叮咬（跳蚤）感染，也可以通过呼吸道、消化道和泌尿生殖道感染。

3.各种年龄和各种品种的兔都有易感性，常呈地方性流行，偶尔暴发流行。

【主要临床症状】

1.急性型多见于幼龄兔，表现为厌食、发热、呼吸急促、咳嗽；鼻腔内流出大量的分泌物，眼角有浆液性或脓性分泌物流出；颈部和腋窝淋巴结肿大；关节肿胀、运动失调；常因窒息而死亡。成年兔多呈慢性或隐性经过，临床症状不明显。

2.母兔发生子宫内膜炎，孕兔流产。

3.公兔睾丸红肿、发热。病程为1～2周，死亡率不高。

【主要剖检病变】

1.鼻黏膜潮红,有结节,结节破溃后形成溃疡。

2.肺脏出现结节或弥散性斑点,慢性病例可见肺脏实变。

3.肝脏有结节性脓肿或病变区。

4.脾、肾、淋巴结、关节、睾丸和附睾组织或有散在的、大小不等的结节,其内常含有浓稠的干酪样物质。

5.腹腔和胸腔的浆膜上有很多点状坏死灶。

6.有神经症状的病例可见脑膜炎;后躯麻痹的病例多在腰部脊髓出现脓肿。

【防治】

1.预防

(1)该病的疫区应定期检疫、消毒,消灭鼠害、吸血昆虫,严禁其他动物进入兔场。

(2)新发病地区或养殖场应采取严格的措施,扑杀无治疗价值的患病动物及其周围的啮齿动物,对同群动物进行预防性治疗,同时采取严格彻底的消毒措施,防止病原体污染土壤和水源而造成疫情的扩散传播。

2.治疗

(1)采用卡拉霉素治疗,肌内注射,每天2次,连用5天。

(2)长效磺胺和磺胺增效剂联合使用,治疗效果更好。

(3)无治疗价值的动物应及时淘汰扑杀,死亡和患病动物的尸体应焚烧或高温化处理,禁止食用。

第二十一节　兔支原体病

兔支原体病是由支原体引起的一种家兔慢性呼吸道传染病。支原体已发现的有90多种,对家兔危害严重的主要是肺炎支原体和关节炎支原体,临床上以支气管肺炎和急性或慢性关节炎为主要特征,可造成15%的家兔发生死亡。

【流行特点】

1.各种年龄的兔都易感,其中乳兔和断乳仔兔尤为易感,其次为孕兔和哺乳母兔。各种品种的兔也都具有易感性,以长毛兔最易感。

2.本病的传染源为病兔和带菌兔，主要通过呼吸道传染，接触呼吸、打喷嚏的飞沫均可感染健康兔致病。本病也可通过内源感染。

3.本病一年四季均可发生，无明显季节性，但在寒冷、多雨、潮湿季节或气候骤变时多发，临床症状更为明显。

4.兔舍、空气及环境污染，天气突变，兔受寒感冒，饲养管理不当等，都能诱发本病。

【主要临床症状】

1.病兔食欲减少或废绝，精神沉郁，不愿活动，一般无体温反应。打喷嚏、鼻孔湿润，流水样、黏性或脓性鼻液，咳嗽，严重时呼吸急促、喘气，喉部有明显的哮喘声。病兔最后窒息、衰竭而亡。

2.个别病兔关节肿大，屈曲不灵活。

【主要剖检病变】

1.病死兔主要病变在肺、肺门淋巴结。急性死亡的家兔肺有不同程度的气肿和水肿，肺尖叶和中间叶有紫红色病变；慢性病例肺部有灰色或红色的肝变区，病肺和健肺交界处有明显的界线，将病变部位割下来放在水里可以下沉。

2.气管及支气管有多量白色泡沫状浆液。

3.淋巴结肿大，切面湿润，周缘水肿。

4.后期出现纤维素性、化脓性和坏死性肺及胸膜炎。

【防治】

1.预防

（1）加强饲养管理。做好兔舍、兔笼、饲槽以及周边环境的卫生；在秋冬寒冷季节注意兔舍保暖和适时通风换气，防止兔群受冻感冒；夏季高温期间要做好降温防暑工作，消除各种应激因素。

（2）做好消毒工作。定期对兔舍、兔笼、用具及环境等用0.5%过氧乙酸溶液和2%氢氧化钠溶液全面消毒。

（3）不从疫区引进兔种，需要引进时要严格进行检疫。挑选引进兔种时观察兔在安静状态下的呼吸形式、次数、有无咳嗽、鼻腔内有无浆液性或黏液性分泌物、是否污染鼻腔周围的兔毛，结合兔的体形外貌、生产性能，决定是否选用。被选定的兔要一兔一笼隔离运回，并且一兔一笼隔离饲养观察1个月，确认健康者方可混群。

（4）建立良好的隔离条件，采用单笼饲养。在建造兔场时，兔舍之间要用水泥预制板隔开，不留缝隙，笼门关闭要严，防止兔鼻腔互相接触，切断呼吸道传染途径。特别是生产母兔一定要一兔一笼饲养。生产母兔在哺育仔兔期间，一旦发现仔兔出现咳嗽、打喷嚏等症状，应将母兔和仔兔都同时挑出，进行隔离治疗。

2.治疗　在临床上要注意观察兔的症状，及早确诊病兔，并将病兔剔出到隔离兔舍进行治疗，防止本病继续扩散、蔓延。发生疫情时，死亡病兔及其排泄物一律烧毁，或消毒后深埋，兔肉不得食用。未发病兔可用治疗药物进行预防。

（1）卡拉霉素肌内注射，每天2次，连用5天，同时采用0.006%～0.01%土霉素，饮水。

（2）四环素肌内注射，每天2次，连用5天。

（3）盐酸金霉素，以甘氨酸钠注射液稀释、摇匀后肌内注射，也可静脉注射。

（4）恩诺沙星油混剂肌内注射，隔两天用药1次，3次为1个疗程。

（5）也可应用林可霉素、泰乐菌素、支原净及恩诺沙星注射液等进行治疗。

第二十二节　兔衣原体病

衣原体病又称鹦鹉热或鸟疫，是一种由鹦鹉热衣原体引起的人畜共患传染病。各种年龄、品种的兔都可感染发病，但对幼兔危害严重，常造成死亡。在临床上以肺炎、肠炎、结膜炎、繁殖障碍、多发性关节炎、脑脊髓炎及尿道炎等为特征。

【流行特点】

1.本病主要通过被病兔分泌物、血液、粪尿污染的尘土和飞沫经呼吸道和消化道感染，还可经胎盘垂直感染。

2.蚊、螨、虱、蚤与蜱为该病的传播媒介。

3.各种年龄和不同品种的兔均可感染发病，但以6～8周龄的兔发病率最高，安哥拉兔比较容易发病。

4.本病一年四季均可发生，呈地方流行性或散发。

5.家兔营养不良、抵抗力下降，管理不当，饲养环境过度拥挤，长途运输，患细菌性或原虫性疾病，环境污染等均可导致大批家兔发病死亡。

【主要临床症状】

成年兔多表现厌食、嗜睡，慢慢消瘦以及虚弱、腹泻。兔衣原体病还可分为以下几种类型。

1.肺炎型　病兔高热、精神沉郁、后肢瘫软、卧地不动、食欲下降，鼻炎、鼻腔有脓性分泌物，咳嗽、打喷嚏，并且出现结膜炎。

2.肠炎型　多发生于断奶幼兔。主要表现为病兔低热、消瘦、水样腹泻、脱水、迅速死亡。

3.脑膜炎型　病兔发热、虚弱、不食，口腔流涎，四肢无力，关节肿大，卧地，四肢呈划水状，角弓反张，最后出现麻痹症状，3天内死亡。

4.流产型　母兔受孕率下降，妊娠母兔流产率高、死产、弱胎或产期推迟1～2天。病兔体瘦，眼、口、鼻、外生殖器等部位出现炎症、溃烂、结痂，有白色黏稠分泌物。

【主要剖检病变】

1.肺炎型　气管、支气管黏膜弥漫性出血；肺的尖叶、心叶及隔叶充血与硬变，肺小叶间隔增厚，外观似大理石状；肝萎缩，呈土黄色，上有少量针尖大小白色坏死灶、质脆易碎；脾肿大。

2.肠炎型　可见胃、十二指肠和空肠充满液体，结肠内有大量或清亮或黏液样物质；肠黏膜出血，肠系膜淋巴结肿大；脾萎缩，还有肺炎与结膜炎病变。

3.脑膜炎型　可见纤维素性脑膜炎、胸膜炎和心包病变；脑膜和中枢神经系统血管充血、发炎、水肿；脾和淋巴结肿大。

4.流产型　母兔子宫内膜呈弥漫性出血并有白色脓性分泌物，卵巢、输卵管炎症，阴道黏膜发炎、出血；腹腔有较多腹水；死亡胎儿呈灰色，皮肤和黏膜有小点状出血，皮下水肿，肝充血、肿胀。

【防治】

1.预防

（1）加强饲养管理，消除各种应激因素的不良影响，提高兔的抵抗力。给予全价营养饲料，饮用清洁水，保证合理的饲养密度和良好的通风。

（2）坚持兽医卫生消毒措施，搞好环境卫生，及时清除兔舍内的粪便，定期消毒，实行"全进全出"制度。兔场严禁饲养其他动物，搞好灭鼠和消灭螨、虱、蚤与蜱等工作。

（3）引进兔种要严格进行检疫，并隔离观察1个月后检查健康者方可混群。

（4）发生疫情时迅速把病兔隔离治疗，无治疗价值的一律淘汰，病死兔及其分泌物和排泄物全部烧毁。兔舍兔笼及用具、场地环境用2%氢氧化钠溶液或3%来苏儿彻底消毒。流产胎儿及其分泌物用3%漂白粉消毒处理后深埋。对未发病兔进行血清学检查，阳性者立即淘汰。

（5）本病人兽共患，工作人员接触病兔时要注意自身防护，以免发生感染。目前尚无用于预防本病的疫苗。

2.治疗

（1）金霉素肌内注射，每天2次，连用3～4天。

（2）四环素肌内注射，用注射用水或5%葡萄糖生理盐水溶解，每天2次，连用3～4天，也可采用四环素混入饲料后饲喂。

（3）红霉素肌内注射，每天3次，连用3天。

（4）土霉素粉剂口服，连用3～4天；也可肌内注射，每天2次，连用3～4天。

（5）流产母兔可用0.1%高锰酸钾溶液冲洗产道，然后放入金霉素胶囊，每天1次。同时注意配合采用支持疗法及对症治疗，方可收到良效。

第二十三节　兔体表真菌病

兔体表真菌病又称皮肤霉菌病、毛癣病，是由毛癣菌等多种致病性皮肤真菌感染皮肤表面及其附属结构（如毛囊、毛干等）引起的一种真菌性传染病，以皮肤出现不规则的块状或圆形脱毛、断毛、皮肤炎症以及奇痒为特征。该病对家兔生长发育和毛皮质量产生极大影响。

【流行特点】

1.各种年龄以及品种的兔均能感染，幼龄兔比成年兔更易感。

2.健康兔可经与病兔直接接触，互相抓、舔、吮乳、摩擦、交配感染此病，或经饲料、饮水、用具、脱落的被毛、人员、空气等间接接触而传播发病。

3.本病一年四季都可发生，多为散发。

4.家兔营养不良、生活环境差以及多雨、潮湿、采光通风不良、吸血昆虫多等均可诱发本病。

【主要临床症状】

1.感染兔一般表现精神、食欲、体温正常。

2.发病初期，可见头颈部、面部、口、眼、鼻周围以及耳部部位出现红疹、断毛或脱毛，继而在四肢、背、腹部甚至全身皮肤呈现圆形或不规则的被毛脱落以及皮肤损伤，界限分明（图6-27、图6-28）。

3.随后脱毛部位皮肤凸起，出现灰白色或黄色皮屑和痂皮，局部痒感明显，病兔多在笼角、尖锐物上蹭磨止痒，造成局部痂皮脱落而呈溃疡面，破坏毛根和毛囊，患病部位皮肤变厚、皲裂、变硬（图6-29、图6-30）。

4.如果出现其他细菌感染，则会引起毛囊脓肿、皮肤局部炎症，皮肤上有液状渗出物，奇痒，局部红肿、热痛，常引起毛囊肿胀。

图6-27　耳部出现红疹

图6-28　四肢被毛出现圆形或不规则脱落

图6-29　耳部被毛严重脱落，出现白痂

图6-30　眼部出现白痂

【主要剖检变化】

1.表皮过度角质化，真皮有白细胞弥漫性浸润。

2.在真皮和毛囊附近，可出现淋巴细胞和浆细胞。

【防治】

1.预防

（1）加强饲养管理。不用发霉的稻草垫产仔箱，不喂发霉的干草和饲料，增加青饲料的饲喂，日粮中增加富含维生素A的胡萝卜素和青饲料等，提高兔群抵抗力。合理分群，防止兔群密度过大。仔兔、母兔分开饲养，定时哺乳，哺乳前消毒母兔腹部及乳房，哺乳后将仔兔送回干净的兔笼饲养。

（2）坚持兽医卫生消毒措施。保持圈舍及周边环境的清洁卫生，严格消毒，地面、墙壁用3%～5%氢氧化钠溶液等喷刷，兔笼、产仔箱及其他用具用5%来苏儿喷雾或甲醛溶液熏蒸。坚持做好灭鼠、灭吸血昆虫等工作。

（3）严格消灭体外寄生虫，定期用咪康唑溶液对兔群进行药浴。

（4）禁止到疫区或病兔场引种；禁止外来人员、车辆未经消毒随便入场。

（5）兔皮肤真菌病可传染人，工作人员接触病兔与污染物时，要注意自身的防护。

2.治疗　经常检查兔体被毛及皮肤状态，发现病兔最好立即淘汰，对有饲养价值的兔或种兔迅速隔离，并对装过病兔的兔笼和接触过的环境进行消毒后再治疗。

（1）对待患病兔，对患部剪毛后，用软肥皂、温碱水或硫化物溶液清洗，软化后去除痂皮，然后选择10%水杨酸或制霉菌素软膏等，每天2次涂抹患处。

（2）病兔一般不全身用药，兔群病情严重需要全身用药时，可口服酮康唑、灰黄霉素（制成水悬剂）、伊曲康唑、特比萘芬，每天1次。待皮肤表面症状完全恢复后，再继续用药1～2周方可停药。

（3）体质弱的病兔可用10%葡萄糖溶液加维生素C，静脉注射，每天1次。

第二十四节　兔深部真菌病

深部真菌病又名曲霉菌病，是由曲霉菌属的真菌引起的一种人畜共患真菌病。该病以呼吸器官组织发生炎症，形成肉芽肿结节为主要特征。

【流行特点】

1.各种年龄，不同品种的家兔都可感染本病，但以幼龄兔多发，成年兔发病少。

2.兔因接触发霉饲料以及垫料，通过呼吸道、消化道或皮肤伤口而感染。

3.本病一年四季均可发病，梅雨季节最易发病。

4.兔舍闷热、潮湿、阴暗、通风不良，饲料、垫料等发霉均易引发该病。

【主要临床症状】

1.病兔精神委顿，对外界反应冷漠，食欲下降，被毛粗乱无光泽，逐渐消瘦，有时发生腹泻，排黄色胶冻样粪便，肛门周围被粪便污染。

2.体温升高39～40℃，呼吸困难、短促，呈腹式呼吸且发出啰音。

3.有的病兔眼结膜肿胀，有较多分泌物，眼睑肿胀粘连，眼球发紫，视力障碍甚至失明。

4.病兔临死前伴有角弓反张和共济失调的神经症状，病程多为2～7天。轻度感染者症状不明显。

【主要剖检病变】

1.肺脏表面、肺组织及胸膜下有小米至豌豆般大小不等的黄白色圆形结节。有的结节呈扁平状，中心凹陷，边缘有锯齿状的坏死灶；也有的结节内呈黄色干酪样；有时结节互相融合成较大不规则坏死灶。

2.肺与胸膜粘连，气管环充血，气管内有黏液样分泌物及泡沫。

3.心冠脂肪有散在出血点，心包膜有炎症；肝肿大，边缘有黄白色结节，有的肝脏表面覆盖霉斑样膜。

4.胃黏膜脱落，胃底部出血；肠壁水肿，肠壁变薄，呈透明水泡样；结肠和盲肠浆膜出血，肠系膜充血。

【防治】

1.预防

（1）加强饲养管理，减少饲养密度，增加兔子活动空间；使用干净、干燥、未发霉的垫草，不喂发霉的干草和饲料，并供给富含维生素A的胡萝卜、青绿植物等；尽可能避免频繁转笼、换饲等，以减少兔子的应激。

（2）保持圈舍以及周边环境的清洁、干燥、通风、适温，定期对兔舍及用具消毒。在兔子进场饲养前，应对兔舍用甲醛溶液或过氧乙酸进行空气熏蒸消毒。在霉菌易于繁殖的季节，应经常性地对兔舍用过氧乙酸进行喷雾或熏蒸消毒。

（3）坚持做好灭鼠、灭吸血昆虫等工作。

2.治疗

（1）内服灰黄霉素，每天2次。对于食欲废绝的家兔采用灌服。

（2）制霉菌素，拌料喂服，连用7～10天。

（3）将两性霉素B用注射水配成0.09％溶液，缓慢静脉注射，隔1天用1次。

（4）对于症状较轻的病兔采用饮水治疗，可在饮水中加入碘化钾，让兔饮用。

第二十五节　兔附红细胞体病

本病是一种附着于血液红细胞上的一种细菌性疾病，革兰氏染色呈阴性，多发生于温暖、潮湿的季节，尤其在吸血昆虫大量繁殖滋生的夏、秋两季，主要通过消化道、接触性等途径传播。是一种人畜共患病。本病以发热、黄疸、消瘦等为特征。

【流行特点】

1.本病可通过注射、打耳号、剪毛、人工授精等传播，也可通过子宫垂直感染而传播。

2.各种昆虫以及小型啮齿动物是本病的传播媒介。

3.各种年龄、不同品种的家兔均有易感性。主要侵害断奶至2.5月龄的幼兔，成年兔症状表现不明显。

4.本病一年四季均可发生，但以吸血昆虫大量繁殖滋生的夏、秋两季多见。

5.兔舍环境污染严重，兔体表有寄生虫会促使本病的发生与流行。

【主要临床症状】

1.本病常和巴氏杆菌病、球虫病等病混合感染。

2.体温升高至40℃以上，萎靡不振，食欲废绝，后肢麻痹，不能站立，喜卧，运动失调，贫血，黄疸。

3.呼吸加快，心力衰竭。

4.排黄色尿液，粪便时稀时干。

5.个别病兔出现神经症状。

6.病程多为3～5天，随后出现死亡。

7.病程长的有红痘症状出现。

【主要剖检病变】

1.患兔腹下及四肢内侧，多有紫红色出血斑。

2.全身淋巴结肿胀，血液稀薄，黏膜和浆膜黄染。

3.皮下脂肪轻度黄染，腹水增多，肝脾肿大，脂软、有针尖大小的黄色点状坏死。

4.心冠脂肪轻度黄染。

5.肺间质水肿，肾脏混浊肿胀，膀胱积尿发黄等。

6.进一步确诊可以进行镜检，取一滴病兔的血液，加一滴生理盐水制成"载玻片"，显微镜下观察可以看到红细胞呈锯齿状，游离于血浆中的附红细胞体做摇摆、扭转、翻滚等运动，而正常的红细胞则呈圆形。

【防治】

1.预防

（1）加强饲养管理，搞好兔舍、用具、兔笼以及周边环境的卫生。

（2）定期消毒，清理污水、污物及杂草等。减少吸血昆虫的繁殖滋生。

2.治疗　本病的治疗多采用四环素类药物、贝尼尔、磺胺类药物或新胂凡纳明。

第二十六节　兔绿脓杆菌病

兔绿脓杆菌病又名兔绿脓假单胞菌病，是由绿脓杆菌引起的兔的一种散发性传染病，病兔及带菌动物是主要传染源，经消化道、呼吸道及伤口感染。以临床上的出血性肠炎、肠炎和皮下脓肿为主要特征。

【流行特点】

1.病兔及带菌动物的粪便、尿液，被病兔分泌物污染的饲草、饲料、饮水是本病的主要传染源，

2.动物感染与使用免疫抑制剂、长期滥用抗生素、动物机体衰弱有关。

3.本病多为散发，任何年龄的家兔都可发病，无明显季节性。

【主要临床症状】

1.本病常突然发生，病兔精神沉郁、昏睡、体温升高，从鼻腔和眼流出分

泌物。

2.病兔呼吸困难、喘气，不吃食，下痢，排出血样稀粪。

3.最急性病例在几小时到半天内死亡。

4.慢性病例有腹泻症状或皮肤出现脓肿，病灶中散发出特殊的气味。病程为1周左右，一般1～3天死亡。

5.病兔生前症状不易发现，死后经剖检可见病理变化。

【主要剖检病变】

1.病兔胃内有血样液体，肠道（尤其是十二指肠、空肠黏膜）出血，肠腔内充满血样液体。

2.内脏浆膜有出血点或出血斑。

3.胸腔、心包腔和腹腔内积有血样液体。

4.脾肿大，呈粉红色，肺有点状出血，肝脏有时会出现化脓灶。

5.部分病例在肺部及其他器官形成淡绿色或褐色黏稠的脓液。

【防治】

1.预防

（1）平时做好饮水和饲料卫生工作，做好防鼠及灭鼠工作，防止鼠类污染。严禁其他动物进入兔场。

（2）发生本病时，立即对病兔和可疑兔隔离治疗，立即淘汰没有治疗价值的病兔。兔舍、兔笼及用具要进行彻底消毒，死兔及相关污物一律烧毁或深埋，防止疫病蔓延。

（3）有本病史的兔场，可用绿脓杆菌单价或多价灭活疫苗进行免疫预防。

2.治疗　绿脓杆菌对多种抗生素易产生抗药性，为确保治疗效果，最好先做药敏试验，选用高敏药物进行治疗。本病的治疗多采用庆大霉素、磺胺嘧啶、新霉素、卡那霉素等。应用抗生素治疗的同时，要注意对症治疗肺炎和出血性肠炎。

第二十七节　兔放线菌病

本病是由放线菌引起的一种散发性传染病，以骨髓炎和皮下脓肿为特征，引起家兔发病的主要是牛放线菌。

【流行特点】

1.病原存在于被污染的土壤、饲料和饮水中。

2.病原可寄生于动物口腔和上呼吸道中，只要兔皮肤和黏膜发生损伤，便有发病的可能。

3.在饲喂粗、硬饲草时，易损伤兔口腔黏膜，使发病的机会增加。

【主要临床症状】

1.病兔的下颌、鼻骨、足踝关节、腰椎骨出现骨髓炎、骨骼增生、肿胀。

2.皮下组织炎症，形成脓肿或囊肿。

3.病程长者，在结缔组织内形成致密的肿瘤样团块。有的脓肿破溃形成瘘管。

4.病变多见于头部及颌部。

【主要剖检病变】

1.受侵害的组织出现单纯性骨髓炎，周围组织形成化脓性炎症。

2.脓汁呈黏液样，没有特殊臭味。

3.脓汁中常含有直径为3～5毫米的"硫黄颗粒"。

【防治】

1.预防　本病目前没有有效的疫苗，主要依靠加强饲养管理、饲喂柔软的饲草，防止家兔口腔以及皮肤创伤。

2.治疗

（1）发现伤口及时进行外科处理。

（2）对该病的软组织局限性病灶，体积不大与健康组织界限清楚的，可以切除，切除后的创口用碘酊纱布填塞，每天更换1次。

（3）可以口服或静脉注射碘化钾，对舌、咽部、皮肤及皮下放线菌肿有显著效果。

（4）青霉素、链霉素与碘化钾联合应用效果更好。

第二十八节　兔泰泽氏病

本病是以大量腹泻、脱水和迅速死亡为特征的病，1965年首次报道了兔的泰泽氏病。

【流行特点】

1.多发于6～12周龄幼兔，断奶前的仔兔和成年兔也可发病。

2.年龄较大、抵抗力较强的兔往往起带菌者的作用。

3.兔接触被粪便污染的饮水、饲料、垫草后可经消化道传播。

4.该病在秋末至夏初时多发。

5.当拥挤、发热、运输及饲养管理不良等，兔机体抵抗力下降，可引发该病。

【主要临床症状】

1.严重的水样腹泻。

2.病兔精神不振，食欲低下，不久出现脱水。

3.急性病例常在发病后，半天到两天内死亡。

4.慢性病例，病兔体重下降，全身软弱无力。

【主要剖检病变】

1.回肠、盲肠、结肠前段黏膜下层水肿、坏死。

2.肝小叶周边有多发性小灶性坏死。

3.出现平滑肌、心肌的局灶性坏死。

4.肝肿大，有灰色、黄色的病灶。

5.心肌上有时出现苍白病灶。

【防治】

1.预防

（1）做好圈舍的清洁卫生工作，减少诱发疾病的应激因素。

（2）及时隔离处理病兔。

（3）可在饮水中加入土霉素，对此病进行预防。

2.治疗　本病的治疗多采用青霉素、链霉素、金霉素。

第七章 兔寄生虫病

第一节 兔球虫病

兔球虫病主要由艾美尔属的多种球虫引起，寄生在兔小肠、胆管上皮细胞，通过球虫卵囊传播，临床上多以虚瘦、贫血、下痢为主要特征。感染后自体抵抗力下降，加重其他继发病感染，对家兔养殖危害极大。

【病原】

当家兔吃了具有侵略性的球虫卵囊后，其卵壳在家兔胆汁和胰腺酶的作用下被消化掉，子孢子便趁机侵入肠壁或胆管细胞内，变为圆形的裂殖体，随即破坏上皮细胞，并从中逸出，以同样的方式继续侵入新的上皮细胞。此时如果兔体内有抵御球虫的抗体，则可以抑制裂殖体的裂殖，而不表现症状，成为带虫兔；如果没有这种抗体，球虫便会肆无忌惮地疯狂裂殖，从而使家兔迅速发病，甚至很快死亡。

【流行特点】

1.各种品种和年龄兔均可感染，断奶后至12周幼兔感染最为严重，感染率为100%，死亡率达80%以上。家兔3月龄以后随着年龄的增长，因带虫兔疫，球虫感染率逐渐降低，成年兔一般为带虫者或亚临床型，是病原的散播者。

2.病兔与带虫兔是该病发生的主要传染源，主要通过粪便排出体外污染饮水、饲草或用具等感染，仔兔主要是由于食入母兔乳房上污染的球虫卵囊而感染。苍蝇、老鼠、饲养员、工具也可机械性地搬运球虫卵囊而传播球虫病。

3.本病各季节均可发生，多发生于温和、潮湿、多雨的季节，每年的6—8月为发病高峰，多呈地方性流行。不同品系的兔均有感染的可能。断奶、变换饲料、兔舍环境清洁卫生差、兔舍拥挤、营养不良、细菌感染等是本病的诱发因素。

【主要临床症状】

1.肠型　主要危害3～9周龄的幼兔，病兔大多为急性经过，表现为顽固性腹泻，从间歇性腹泻至混有黏液和血液的大量水泻，肛门周围被毛被粪便污染，腹部膨胀。患兔有时突然倒地，颈、背及四肢发生强直性抖动，头向后仰，四肢痉挛，尖叫，最终极度衰竭而亡（图7-1、图7-2）。

图7-1　腹泻

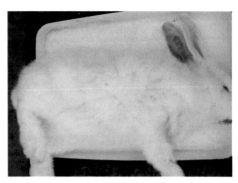

图7-2　腹部膨大

2.肝型　30～90日龄幼龄兔多发，多为慢性经过。病兔表现厌食、消瘦、贫血、头颈蜷缩、伏卧懒动、被毛粗乱无光。腹泻（尤其在病后期出现）或便秘，排污灰色黏稠粪便，随着病情发展逐渐变成混有黏液的棕红色或深褐色的稀粪，患兔肛门周围被毛被污秽的粪便污染，排尿频繁或常作排尿姿势，尿液多混浊发黄。肝肿大造成腹围增大和下垂，触诊肝区疼痛，眼球发紫，结膜黄染。病程后期出现神经症状，病兔可表现突然倒地抽搐、后肢伸直、前肢不停地划动，死前头向后仰，并发出惨叫声，幼龄兔死亡率高达60%。成年兔一般多为慢性感染，很少死亡。

3.混合型　家兔球虫感染多数呈混合感染，即同时存在肠型和肝型两种症状，且病情更为严重。病初食欲降低，后废绝。精神状态不佳，时常伏卧，虚弱消瘦。眼鼻分泌物增多，唾液分泌增多。顽固性下痢，腹泻或腹泻与便秘交替出现，病兔尿频或常呈排尿姿势。腹围增大，肝区触诊疼痛。结膜苍白，有时黄染。有的病兔呈神经症状，尤其是幼兔，痉挛或麻痹，最终由于极度衰竭而亡。

【主要剖检病变】

1.肠型　腹腔积水，膀胱积有黄色浑浊尿液。因致病球虫种类而异，可在小肠和大肠发现病变。肠腔内充满气体；肠壁血管充血，肠黏膜充血并有点状溢血。小肠内充满气体和大量黏液，有时肠黏膜覆盖有微红色黏液，呈急性、卡他性、出血性肠炎病变；在盲肠，尤其是阑尾黏膜常见有黄白色、含有虫体的细小的硬性结节，有时可见化脓和坏死灶。慢性病例，肠黏膜呈淡灰色，肠黏膜有很多白色且较坚硬、化脓性坏死病灶；膀胱积有黄色浑浊性尿液，膀胱黏膜脱落（图7-3）。

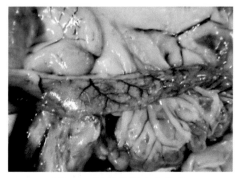

图7-3　肠道黏膜白色结节

2.肝型　患兔剖检可见兔肝脏肿大、硬化，肝表面和实质分布着数量不等、大小不一、形状不定、稍微突起而呈淡黄色或灰白色脓样结节病灶，结节切面可见浓稠的干酪样物质（图7-4、图7-5）。有时腹腔充满稀薄、带有血色的液体。慢性病例中，胆管和小叶间部分结缔组织增生而引起肝细胞萎缩和肝体积缩小，肝脏质地变硬，胆囊肿大，胆汁浓稠、色暗，腹腔积液。

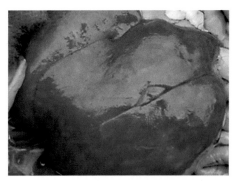

图7-4　肝脏肿大、有球虫结节

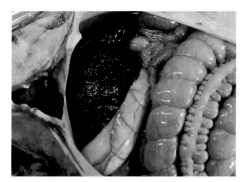

图7-5　肝脏肿大、有球虫结节

3.混合型　以上2种病变特点同时存在，病情更为严重。球虫病最易与大肠杆菌、魏氏梭菌、肝片吸虫等混合感染，尤以大肠杆菌为甚。

【防治】

1.预防

（1）加强饲养管理

①合理搭配饲料　平时应注意喂给富含蛋白质、磷酸钙和各种维生素的全价饲料，以提高兔群抗病力。饲料中要保证粗饲料的比例，以促进胃肠蠕动，增加机械摩擦，破坏球虫卵囊及孢子囊，降低发病率。在更换饲料品种时，不可突然改变，应逐渐过渡。在幼兔精料中可适当添加鱼粉，以增强其抗病能力。在发生球虫病时，应减少饲料中的蛋白质含量，适当多喂含糖分多的饲料。

②幼兔加喂酸性物质　球虫在兔体内的发育与pH有关，幼兔肠道内只有形成碱性环境的微生物群落，才有利于孢子体的逸出。3月龄后的家兔，随着食物结构的改变，其肠道产酸微生物群落开始占优势，偏酸的环境不利于球虫发育，故3月龄后的家兔就很少因球虫病死亡。因此，生产上可采取仔兔断奶前5天和断奶后15天加喂酸性物质（如醋酸等），以保持其肠内较高的酸度，人工创造不利于球虫发育最后一个阶段即孢子体逸出期的酸性环境。

③合理分群，隔离饲养

A.大小分群　将幼兔和成年兔分开饲养，幼兔断奶后应立即分笼，饲喂易消化的饲料。因成年兔一般对球虫有一定的抵抗力，即使感染了球虫也不一定表现明显的症状，但其粪便中带有大量球虫卵囊。而幼兔抵抗力较差，极易感染发病，所以除了哺乳外必须与母兔分开饲养。

B.病健分群　病兔和病愈兔是主要传染源，病兔必须与健康兔隔离饲养。发现病兔立即隔离治疗，同时对全群进行紧急药物预防。

C.引进兔分群　新引进的兔应隔离饲养2～3周，并进行粪便检查，确定无球虫病时方可合并入群。

（2）做好卫生防疫工作

①正确选址及设计兔笼　兔场建设要符合防疫要求，兔场在选址时就应考虑建在通风、干燥、向阳、能及时排污的地点。笼底最好采用铁丝网孔或兔笼底要有缝眼，使粪尿能流到下面的接粪板上，接粪板应可随时将其取下洗刷和消毒。兔笼要配置笼门、食槽和草架，将饮水器、草架固定在笼外，饲草放在草架上，让兔自由采食，精料放在食槽内，防止草、料被污染，做到料净、草净、水净、笼净。

②建立科学的消毒制度

A.每天定时清除粪便，清理的粪便在指定地点进行发酵处理。

B.兔笼、饲槽至少每周用热碱水、沸水冲洗或火焰消毒1次，以杀死球虫卵囊；每周带兔喷雾消毒1次，空舍时，封闭熏蒸消毒，兔笼等设备用喷灯火焰消毒。在梅雨季节要加强消毒，每隔3天进行1次。

C.兔舍周围及道路可用20%生石灰或5%的氢氧化钠或5%～10%的甲醛消毒。

D.病死兔深埋处理，并严格执行终末消毒制度。消灭鼠类、苍蝇等，严防球虫卵囊的机械性传播。

E.兔场工作人员进入饲养区，应严格注意自身消毒，及时更换衣服、鞋、帽等；外来人员未经消毒严禁进入饲养区。

F.坚持自繁自养，必须引种兔时，对引进兔最少应做2～3次的粪便检查，并单独隔离饲养2～3周，确认无病方可入群。

G.消毒液的选择：目前使用效果较好的消毒剂有10%甲醛溶液、2%～5%苯酚乳剂、含1%二硫化碳和2%苯酚的混悬液、10%氨溶液及复方邻二氯苯溶液等。

2.治疗　临床用药时，应在短时间内有计划地交替、轮换或穿梭使用不同种类的抗球虫药。通常一种药物使用6个月至2年后换另一种药，对很易产生耐药性的药物一般3～6个月就应换药。

（1）稀碘溶液　从母兔怀孕25天起到产仔兔后5天止，饲喂0.01%稀碘溶液停药5天后，再改用0.02%稀碘溶液连续喂15天。断奶仔兔自断奶之日起，每天服用0.01%稀碘溶液，连服10天，停药5天后，再改用0.02%碘液喂15天。稀碘溶液要现配现用，可拌入精饲料中喂给。

（2）氯苯胍　拌入饲料中喂服，预防、治疗均可用。断奶仔兔治疗时需连喂1个月。

（3）兔球灵　拌入饲料中，让兔自由觅食，连喂2～3周。

（4）磺胺类药物　磺胺喹噁啉可广泛用于兔球虫病的防治。饲料中拌入乙胺嘧啶对肝球虫病有效。磺胺二甲氧嘧啶加入饮水或拌入料中均可治疗兔球虫病。复方新诺明可以预防肝球虫病，使兔肝病变、病兔死亡率、卵囊数显著减少，还可以降低病兔死亡率，减少卵囊数。磺胺类药物长期使用易在兔体内残留，影响无公害肉品的生产及对外出口，在实际生产中最好不用或少用，如果使用应有足够的休药期。以上几种磺胺类药物连用4～5天后，应停药一段时间，再用药4～5天。如果通过饮水给药，水必须清洁。磺胺类药物除了抗球虫外，长期使用会产生一定的毒性，怀孕母兔应避免使用磺胺类药物。抗叶酸剂如乙胺嘧啶可加强磺胺类药物的药效，减少磺胺类药物使用剂量。

（5）地克珠利或妥曲珠利　目前以此法治疗效果最好。地克珠利可饮水或拌料使用。但使用时应注意：地克珠利的作用时间短，停药1天后作用基本消失，因此，用药7天，症状消失后必须连续用预防药量以防疾病再度暴发；用药的浓度低，如拌料必须充分拌匀，否则影响疗效；地克珠利的饮水溶剂要现用现配，4小时后失效。饮拌药水前可先给兔控水。

（6）中药　可用干百头翁全草，温火加热煎熬，待温后灌服；每天1次，持续用药3～5天。

（7）中药方剂　板蓝根、甘草、白头翁、茯苓、雷丸，百部、黄芩、黄众、南瓜子、槟榔，上述研末成粉，加糖，喂服。

第二节　兔脑炎原虫病

该病是由兔脑炎原虫所引起的一种慢性、隐性原虫病，是一种感染范围极其广泛的人畜共患病。其病原体——兔脑炎原虫是一种专性细胞内寄生的真核单细胞微孢子虫，虫体主要以侵害脑组织和肾脏为特征，大多数病例为无临床症状的隐性感染，发病率一般在15%～76%。据有关报道，除兔外还有犬、猪等多种哺乳动物出现过自然感染。

【病原】

兔脑炎原虫的生活史尚未完全清楚，可能是通过二分裂或裂体增殖进行繁殖。

【流行特点】

自然感染途径目前还不清楚，感染范围相当广泛，除人类外，还可感染哺乳动物、禽类和实验动物，但最易受感染的动物则是各种兔，如野兔、家兔、实验兔和宠物兔等。

通过口服病变材料、鼻内接种、静脉和腹腔注射等途径已使兔和小白鼠的人工感染获得成功。

【主要临床症状】

一般为隐性感染，病兔衰弱，体重减轻，出现尿毒症症状，严重者出现神经症状，如惊厥、肌肉痉挛、出现运动障碍、颤抖、头颈歪斜、麻痹和昏迷、转圈运动等。病兔出现蛋白尿，后肢被毛被污染，局部出现湿疹。发病仔兔的

死亡率高达87.5%。

【主要剖检病变】

兔脑炎原虫可侵害机体的许多组织，如肝脏、肺脏、心脏和淋巴结等，但最易感的组织是肾脏和脑组织。

1.肾脏病变最明显，眼观可见肾脏体积缩小，肾表面有很多散在的针尖状白点或在皮质表面有大小为2～4毫米的灰色凹陷区。镜检可见肾间质明显增生，形成局灶性或弥漫性增生性病变，其间有淋巴细胞浸润，肾小管上皮发生颗粒变性，肾小球变化不明显。在肾小管的上皮细胞中和肾小管管腔的坏死组织中以及结缔组织中常能检出脑炎原虫的假囊。虫体多呈圆形、球杆状，偶见杆状或梨籽形；肾小管上皮细胞中蓝染的虫体集落，在细胞破裂后可见虫体散在于管腔中。

2.脑部眼观病变不明显，镜下可见分布不规则的灶状肉芽肿，主要有3种形态，即细胞性肉芽肿、增生性肉芽肿和坏死性肉芽肿。脑组织有弥漫性、以中央区坏死和周围有淋巴细胞、浆细胞、小胶质细胞、上皮细胞、巨噬细胞浸润为特征的非化脓性脑炎；从脑膜、脑实质到室管膜的血管均扩张、充血，少部分神经细胞呈固缩状，其周围有胶质细胞环绕，形成卫星现象，或胶质细胞侵入神经细胞内，产生噬神经现象。血管套和胶质结节分布于脑组织各部，但小脑和延髓的病变较轻。坏死组织中有大量兔脑炎原虫，一些上皮样细胞中有假囊形成，在肉芽肿及其附近的白质中有兔脑炎原虫集落。特殊染色时可在上皮样细胞和坏死组织中检出脑炎原虫。

【防治】

目前尚无有效的治疗药物，主要在于预防，一旦病兔出现神经症状，就失去治疗的价值。由于该病多是隐性感染，病兔生前不易诊断，感染途径多，给防治工作带来很大困难。

目前有效的预防措施：一是加强饲养管理，采取有效防疫措施，创造良好的卫生条件和灭杀已感染的种用动物；二是加强粪、尿管理，粪便应作发酵处理，同时注意定期消毒；三是加强种兔管理和进行定期检查，建立无病兔群，是预防本病的根本方法。

可用阿苯达唑对隐性感染兔进行预防性治疗，连续用药10天为1疗程，停药1周后，再进行2个疗程的治疗。

第三节　兔弓形虫病

该病是一种世界性分布的人兽共患原虫病，在人、畜及野生动物中广泛传播，各种兔均可感染。

【病原】

弓形虫对中间宿主的选择不严，哺乳类、鸟类、鱼类、爬行类动物，包括人都可作为中间宿主。

【流行特点】

动物吃了猫粪中的感染性卵囊或含有弓形虫速殖子或包囊的中间宿主的肉、内脏、渗出物、排泄物和乳汁而被感染。兔饲料被含有大量弓形虫卵囊的猫粪污染，是兔场弓形虫病暴发流行的主要原因。

【主要临床症状】

1.急性型　主要发生于仔兔和青年兔，病兔以突然不吃食、体温升高和呼吸加快为特征，常呈稽留热型，多呈腹式呼吸，有浆液或浆液脓性眼屎和鼻漏。病兔嗜睡，并于几日内出现全身性惊厥的中枢神经症状。有些病例可发生麻痹，尤其是后肢麻痹。通常在发病2～8天后死亡。

2.慢性型　常见于老龄兔，病程较长，死亡率较低，病兔厌食而消瘦，中枢神经症状通常表现为后躯麻痹。病兔可突然死亡，但多数病兔可以康复。

3.隐性型　感染兔不呈现临床症状，但血清学检查呈阳性。

【主要剖检病变】

1.急性型病变以肺、淋巴结、脾、肝、心坏死为特征，有广泛性的灰白色坏死灶及大小不一的出血点，肠道黏膜出血，有扁豆大小的溃疡，胸、腹腔液增多（图7-6）。

2.慢性型主要表现内脏器官水肿，有散在的坏死灶。

3.隐性型主要表现中枢神经系统

图7-6　肝脏肿大、质脆，腹水

受包囊侵害的病变，可见肉芽肿性脑炎，并伴有非化脓性脑膜炎的病变。

【防治】

1.预防

（1）兔场内应开展灭鼠工作，同时禁止养猫，加强饲草、饲料的保管，严防被猫粪污染，防止兔食入未经煮熟的屠宰废弃物及小动物尸体。

（2）病死兔尸体要深埋或烧毁，发病后对兔舍、饲养场用1%来苏儿、3%烧碱液或火焰进行消毒。

（3）弓形虫病是重要的人畜共患病，因此，饲养人员在接触病兔、尸体、生肉时要注意防护，严格消毒。肉要充分煮熟或冷冻处理（−10℃ 15天，−15℃ 3天可杀死虫体）后再利用。

2.治疗 兔场发生本病应全面检查，及早确诊，对检出的病兔和隐性感染兔应隔离治疗。磺胺类药物对本病有较好的疗效，如与增效剂联合应用效果更好。磺胺嘧啶加三甲氧苄氨嘧啶治疗本病效果最好，每天2次内服，首次剂量加倍，连用3～5天。磺胺甲氧嗪加三甲氧苄氨嘧啶，每天1次内服，连用3天，效果良好。

第四节　兔肉孢子虫病

肉孢子虫病是一种世界性的人畜共患原虫病。兔肉孢子虫病是由兔肉孢子虫寄生在兔肌肉中引起的一种原虫病。其所产生的肉孢子虫毒素能严重地损害宿主的中枢神经系统和其他重要器官，家兔中较少见，少量感染时一般不表现临床症状，严重时，可出现肌肉无力及跛行，病兔生长缓慢、肉质下降，甚至不能食用，从而造成严重的经济损失。

【病原】

肉孢子虫的中间宿主是爬虫类、禽类、啮齿类和草食动物等，兔为中间宿主，终末宿主是肉食动物——猫、犬等。

【流行特点】

终末宿主粪便中的孢子囊是最重要的感染源，不仅可以通过污染草料、饮水、土壤等途径感染中间宿主，还可以借鸟类、蝇和食粪甲虫散播病原。孢子囊对外界抵抗力比较强，温度适宜时可存活1个月以上，但是对高温和冷冻敏感，60 ～ 70℃ 10分钟、冷冻1周或 −20℃ 存放3天均可致死。各种年龄的兔都可以感染，随年龄增长感染率增加。

【主要病理变化】

1.病变主要在心肌和骨骼肌，特别是后肢、侧腹和腰部肌肉。严重感染时，顺着肌纤维的方向可见许多白色条纹。

2.显微镜下可见肌肉中有完整的包囊，若包囊破裂，释放的滋养体可导致严重的心肌炎和肌炎，炎区内有淋巴细胞、浆性细胞、嗜酸性粒细胞浸润，后期可发生钙化。

【防治】

目前，对于肉孢子虫病尚无有效的治疗办法，主要是做好预防工作：加强饲养管理，防止犬、猫等进入兔场，以免粪便污染饲料及饮水；在兔的屠宰加工过程中，要严格卫生管理制度，按照要求处理检出的病兔，严禁把有虫体的肌肉、内脏随地抛弃，应作无害化处理；处理好动物粪便，加强对兔舍环境的清洁消毒，避免草料被粪便污染，切断一切口粪传播途径。

第五节　兔囊尾蚴病

该病是家兔常见寄生虫病，呈世界性分布，在我国的感染范围广，发病率高，一般为20%～30%，幼兔死亡率较高。

【病原】

本病的病原主要为豆状囊尾蚴，为犬的豆状带绦虫的幼虫阶段。

【流行特点】

无明显的发病季节；无年龄限制，各种开食日龄的家兔均可发生此病。主要传播方式为消化道，感染成虫的犬、猫通过粪便排出虫卵孕节或虫卵污染饲料、饲草、饮水等，家兔通过食入这些被污染的饲草、饮水而感染发病。犬、猫等肉食动物是本病的终末宿主，而兔是本病的中间宿主。

【主要临床症状】

1.幼兔生长缓慢，成年兔由于腹腔内存在大量充分发育的包囊而表现腹部膨胀，包囊多数在肝上面，少数附着在肠系膜上。

2.剖解重症兔，可见六钩蚴移行进入腹膜过程中造成的遍及肝实质的许多纤维性痕迹，囊尾蚴以包囊形式定居在腹腔浆膜上。

3.囊尾蚴侵入大脑则会引起兔子急性死亡。

【主要剖检病变】

1.囊尾蚴主要寄生在家兔的大网膜、肝包膜、肠系膜、直肠周围以及腹腔，呈白色泡状、透明、大小如豌豆的囊泡，有的呈串珠状似葡萄串、内充满液体、有头节（图7-7）。

2.感染后期会通过胆管寄生于肝脏部位，肝表面和切面有黑红、灰白色条纹状病灶，病程长的出现肝硬化，有大量黄色腹水，消瘦。

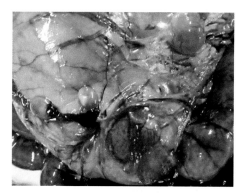

图7-7 腹腔有囊泡

3.也有在肌肉中见到囊尾蚴的囊泡情况，有的病例可见腹膜炎，网膜、胃肠等组织出现粘连。

【防治】

1.预防 要防止犬接近兔场，尤其是饲料间和兔舍等地。加强对饲料饲草和饮用水的卫生管理，禁止饲喂被犬的粪便污染的饲料或饮水及犬曾经接触过的青草或其他青饲料，禁止用含有囊尾蚴的动物内脏和肉喂狗和猫。若工作人员饲养狗和猫，应定期用药驱虫，服药后关禁3天，并将其粪便集中焚烧或严格消毒。

2.治疗 用吡喹酮治疗豆状囊尾蚴病有很好的效果，内服，第一次给药后隔24小时再给药一次。用甲苯咪唑进行治疗也可取得很好的疗效。

第六节　兔栓尾线虫病

兔栓尾线虫又名兔蛲虫。呈世界性分布，常大量寄生于家兔、棉尾兔、野兔的盲肠和结肠。

【病原】

病原为兔栓尾线虫。成虫乳白色，雄虫长4～5毫米、宽0.3毫米，尾部向腹面弯曲，尾末端细似鞭状；雌虫长9～10毫米、宽0.5毫米，有尖、细且长的尾，尾长3.4～4.5毫米。虫体半透明，有后食道球，后食道球前有一膨大部。虫卵壳薄，一侧扁平，虫卵排出后不久即达感染期。兔吃到感染性虫卵而感染，虫体在盲肠或结肠发育成成虫。

【流行特点】

带虫兔是该病的传染源。虫卵经消化道感染，通过被虫卵污染的草料、饮水、用具和笼舍传播。各种兔，不分年龄、性别和品种均可感染，但是幼龄兔较成年兔更易感，毛用兔较皮用兔更易感。感染率从2%～35%不等，卫生条件差的兔场很容易造成该病的传播。

【主要临床症状】

少量寄生时一般无临床症状出现，重度感染的兔食欲减退、被毛蓬乱、消瘦。有的出现肠炎症状，大便稀软带有黏液，增重减慢，有时在粪便中可发现白色成虫。肛门周围被毛成结，病兔精神不安，频繁啃咬肛门周围或靠在笼壁摩擦，有的因皮肤损伤继发感染、化脓，严重的可导致死亡。

【主要剖检病变】

尸体剖检时可在盲肠的肠黏膜弥漫性炎症中发现虫体，也可通过饱和盐水浮集法检查虫卵。

【防治】

1.预防　加强饲养管理。兔栓尾线虫是土源性寄生虫，因此，应重点加强饮水和饲料卫生工作，管理好兔的粪便，及时清理后堆肥发酵，可杀灭粪便中的虫卵。国外多利用剖腹取胎的方法建立无虫兔群。对于发病兔要及时隔离驱虫，驱虫后做好粪便和环境的消毒。

2.治疗　定期驱虫：用左旋咪唑，内服，连用2天；或用阿苯达唑，一次内服。春、秋季节全群驱虫各一次，感染较重的兔场，可每隔1～2个月驱虫一次。

第七节　兔肝毛细线虫病

兔肝毛细线虫病是由肝毛细线虫寄生在鼠和兔子等啮齿类动物的肝脏引起的一种寄生虫常见病，猪以及人偶有发生。

【病原】

肝毛细线虫成虫细长，体前部狭小，后部膨大粗厚，末端钝圆。雌虫体长27 ～ 100毫米，宽为0.1 ～ 0.89毫米，寿命约59天，雄虫体长1 550毫米，宽0.04 ～ 0.10毫米，寿命约40d。成虫寄生于肝组织内，产出的虫卵多寄生于肝组织，感染动物的尸体腐烂和分解是虫卵释放的主要途径；此外，宿主肝脏被其他肉食动物吞食，肝组织被消化后虫卵随粪便排出体外也是肝毛细线虫感染的另外一个主要途径。虫卵经4 ～ 8周发育成感染性虫卵，最终宿主食入被污染的食物或水而感染，虫卵进入体内24小时后幼虫在小肠孵出，幼虫6小时后可钻入肠壁，并通过门静脉进入肝脏发育为成虫。

【流行特点】

肝毛细线虫的动物宿主种类很多，已知有140多种哺乳类动物，其中鼠类有80多种，其中褐家鼠感染率较高，兔少见。

【主要临床症状】

少量感染时常无明显症状，严重感染时会有消化道紊乱、消瘦、黄疸等肝炎症状。

【主要剖检病变】

剖检可见，肝脏中有白色或淡黄色结节，质地坚硬，肝表面和实质中有纤维性结缔组织增生，取病变结节压片镜检找到虫卵即可确诊。虫卵长为63 ～ 68毫米，宽为30 ～ 33毫米，两端有塞状物，卵壳表面稍凹凸不平。

【防治】

1.预防　消灭鼠并控制啮齿类野生动物，禁止犬、猫进入兔舍或接近兔，避免犬、猫粪便污染饲料饮水，兔的肝脏不要生喂给犬、猫等。

2.治疗　丙硫苯咪唑，内服；甲苯达唑，内服；盐酸左旋咪唑，内服；伊维菌素或阿维菌素，皮下注射。

第八节　兔肝片吸虫病

兔肝片吸虫病是肝片吸虫寄生在兔肝脏胆管内引起的一种人畜共患寄生虫病。

【病原】

肝片吸虫成虫，活体时呈淡红色，死后呈灰白色，体扁平如叶片状，体长20 ～ 40毫米，宽8 ～ 15毫米，虫体前端有明显突出部，称为头锥，两肩峰明显。虫卵呈淡黄棕色，纵径略长；卵盖小；卵壳薄，均匀，周围可见胆汁颗粒附着；卵内充满卵黄细胞和一个胚细胞，胚细胞较易看到。

肝片吸虫的成虫在兔的胆管内寄生，可产生大量虫卵，虫卵随胆汁进入肠管，再随粪便排出体外。毛蚴在水中快速游动，如遇到适宜的中间宿主——某些淡水螺，就钻入它的体内，成熟的尾蚴逸出螺体，附着囊蚴的水草被兔吞食后，穿过兔肠壁、进入腹腔，再经肝包膜进入肝脏。在兔肝脏中的幼虫，经过一段时间的移行后进入胆管，最后发育为成虫。完成一个生活周期大约需要11周，每条成虫日产卵量为20 000个左右，成虫寿命一般为4 ～ 5年。

【流行特点】

本病流行广泛、死亡率较高，终末宿主还有其他家畜及野生动物，如羊、牛、马等，人偶有感染。

本病有地方性流行特点，该病的流行明显受自然环境与气候条件的影响，多发生在低洼和沼泽地区。肝片吸虫的虫卵在具有适宜湿度的环境中可存活8个月以上。本病中间宿主为螺、蜗类，如椎实螺等。

【主要临床症状】

感染肝片吸虫的动物多为草食动物，该病症状表现因感染程度、机体抵抗力、年龄等不同而异，通常分为急性型和慢性型。

1.急性型　常因在短时间内遭受感染所致。病兔体温38.5 ～ 41℃不等、衰弱、易疲劳、精神沉郁、食欲减退或消失；腹泻粪便带有黏液、恶臭，尿液呈深黄色；结膜苍白、消瘦；很快出现贫血、黄疸和肝脏肿大。

2.慢性型　多见于轻度感染后的兔子。主要表现为贫血，黏膜苍白，被毛粗乱；食欲减退或消失。

【防治】

主要通过预防性驱虫和消灭中间宿主来防治本病，平时要注意饲草和饮水卫生，不喂沟、塘和河边的草或水生植物，饮水最好选用井水、自来水，保持水源不受污染。对病兔或带虫兔驱虫是积极的防治措施。每年进行春、冬两次

驱虫，是较为理想的驱虫模式。可在湖泊池塘周围饲养鸭鹅，或使用药物杀灭椎实螺，即5%硫酸铜溶液（最好再加入10%粗制盐酸）喷洒地面来消灭中间宿主。

第九节　兔日本血吸虫病

血吸虫病是由血吸虫寄生于人或动物体内而引起的一类人畜共患寄生虫病，主要有日本血吸虫病、曼氏血吸虫病等。兔日本血吸虫病是由日本血吸虫寄生在兔体内引起的寄生虫病。

【病原】

成虫为雌雄异体，呈雌雄合抱状，虫体呈圆柱状，外观似线虫，体表披以细棘。成虫寄生于动物门静脉和肠系膜静脉内，产卵后，卵大部分聚集在肝脏内，少数虫卵通过肠道排出体外。虫卵随宿主粪便排出体外，大多已经成熟，呈淡黄色，椭圆形，卵壳均匀，无小盖，长0.074～0.106毫米，宽0.055～0.08毫米。在虫卵内含一个成熟的毛蚴。

虫卵进入水中，在适宜的温度下，孵化出毛蚴，毛蚴在水中呈长椭圆形，长0.078～1.120毫米，宽0.03～0.04毫米。毛蚴前端有一锥形突起，全身体表披纤毛，毛蚴在水中借助纤毛游动。

毛蚴在中间宿主钉螺体内发育成尾蚴，然后被采食进入动物或人体内，进一步发育成童虫、成虫，然后寄生于肠系膜。

【流行特点】

1.本病的流行必须具备3个主要条件：虫卵从家畜体内随粪便排出，在水中孵化成毛蚴；毛蚴感染中间宿主钉螺，在螺体内发育繁殖，最后形成尾蚴从钉螺体内逸出；尾蚴穿过动物或人的皮肤，侵入宿主体内发育成为成虫。这样反复进行，形成一个流行的连锁关系。

2.家兔在自然情况下感染的机会较少，在疫区可通过吞食带有尾蚴的青草或接触疫水，尾蚴经过唇部皮肤或口腔黏膜侵入兔体内，发生感染。

【主要临床症状及剖检变化】

1.家兔感染后，一般不表现出明显的症状，在宰后检查时可以发现变化。最常见的损害在肝，肝的表面散布许多针头大小、灰白色或灰黄色、稍微突出于肝表面的小点，在肝的切面上也有同样的小结节，这些结节就是虫卵节。

2.感染严重时，肝一般显著肿大，在晚期，肝稍微缩小、变硬，用刀不易切割，表面粗糙不平，这就是血吸虫病导致的肝硬化。在小肠也可以看到虫卵结节，展开肠系膜对光观察，可以找到寄生在肠系膜静脉中的成虫。

【防治】

1.预防　主要预防措施有加强健康教育，并做好人畜治疗、钉螺控制、粪便管理、安全用水和防护工作。

2.治疗　选择驱虫药物应考虑安全性、有效性和现场条件。如六氯对二甲苯，内服，每天1次，连用5 ~ 10天，对于血吸虫的驱除效果很好；硝硫氰胺，内服，副作用较轻，优于其他血防药物。

第十节　兔结膜吸吮线虫病

该病是由结膜吸吮线虫寄生于兔的眼结膜或泪管中引起的眼寄生虫病。兔、犬、猫以及人均可感染，犬、猫是主要宿主，家兔感染也较为普遍。

【病原】

结膜吸吮线虫的中间宿主为蝇，蝇在吸食宿主眼分泌物时受到感染，结膜吸吮线虫在蝇体内发育至感染期幼虫，再由蝇在吸食健康动物的眼分泌物时感染给宿主。

【流行特点】

果蝇为其中间宿主，成虫在眼结膜囊内产卵，含有幼虫的卵被果蝇吞食后，幼虫逸出，穿过果蝇肠壁进入体腔等部位，发育为侵袭性幼虫，并移行至头部，当果蝇在兔眼部吸食分泌物时，侵袭性幼虫主动穿出果蝇的唇瓣进入兔眼睑内，经40 ~ 50天发育为成虫。

【主要临床症状】

感染动物可出现巩膜充血、流泪、角膜结膜炎和畏光等症状。此虫偶可感染人。

【主要剖检病变】

该病根据自患眼取出的虫体，经显微镜下鉴定即可确诊。成虫细长，呈乳白色、半透明，头端钝圆，具圆形的角质口囊，无唇。口囊外周具两圈乳突，体表具有微细横纹，横纹边缘锐利呈锯齿形。虫卵呈椭圆形，壳薄，内含幼虫，卵在产出之前，卵壳已演变成包被幼虫的鞘膜。

【防治】

1.预防　本病的预防主要是加强卫生管理，做好防蝇、灭蝇工作。

2.治疗

（1）2%～3%硼酸溶液，冲洗2次。

（2）0.2%乙胺嗪溶液冲洗2～3次。

（3）2%可卡因滴眼，检出虫体；或10%敌百虫溶液滴眼。1：1 500碘溶液冲洗2次。

第十一节　兔连续多头蚴病

家兔的连续多头蚴病是由连续多头绦虫的幼虫——连续多头蚴寄生于兔的皮下、肌肉、脑、脊髓等组织内所引起的一种绦虫蚴病。

【病原】

兔连续多头绦虫的成虫长约70厘米，头节上有顶突和4个吸盘，顶突上有26～30个小钩，虫卵内含六钩蚴。成虫寄生于犬的小肠，虫卵随犬的粪便排出体外，污染饲料或饮水，被兔等中间宿主吞入，六钩蚴便在中间宿主消化道内逸出，钻入肠壁，随血液循环到达皮下和肌间结缔组织并发育增大。当带有这种包裹的未经煮熟的兔肉再被犬食入后，犬即感染连续多头绦虫。

【主要临床症状及剖检变化】

本病的临床症状因幼虫寄生部位的不同而异。大多数虫体包囊寄生于皮下及肌间结缔组织，此时表现为皮下肿块，关节不灵活；如寄生于脑及脊髓，则可出现神经症状及麻痹。可在病兔的皮下、肌肉，特别是外咀嚼肌、腹肌及肩部、颈部和脊部的肌肉上检查到可动而无痛的核桃大至鸡蛋大的结节，触之有弹性。结节内的虫囊中有许多透明、较小的子囊，囊内壁上有许多呈辐射状排列的结节——头节；囊外也可形成子囊，通过"柄"与母囊相连。镜检包囊内含有许多连续的头节而确诊。

【防治】

1.预防 该病预防的关键在于防止犬粪便污染兔的饲料及饮水，同时避免用含有连续多头蚴的兔肉喂犬。此外，需要对兔群定期驱虫。

2.治疗 对于本病的治疗，目前可以采用外科手术的方法摘除包囊；另外，用麝香草酚溶解于油质内，隔日注射1次，可使皮下包囊退化；也可用丙硫苯咪唑进行治疗。

第十二节 兔棘球蚴病

兔棘球蚴病是由细粒棘球蚴绦虫的幼虫寄生于兔的肝脏、肺脏等部位而引起的一种兔的寄生虫病，也是一种人畜共患的寄生虫病。

【病原】

病原主要为细粒棘球绦虫的幼虫。成虫体长为2～7毫米，由头节和3～4个节片组成。寄生于犬等动物小肠内的细粒棘球绦虫成熟后排出虫卵，卵中含有六钩蚴，兔吞食了污染有虫卵的草和水，虫卵在兔消化道发育为幼虫，幼虫经血液流至肝脏、肺脏等处生长为棘球蚴。

【主要临床症状】

少量寄生时，通常不表现临床症状；大量寄生时，可导致患兔消瘦、黄疸、消化紊乱及营养失调。寄生于肺部时，可引起咳喘等症状。

【主要剖检病变】

病兔的肝脏及肺脏表面凹凸不平，有一些如豌豆至核桃大小的棘球蚴包囊，囊壁较厚，呈球形，直径为5～10厘米。切开后，可流出黄色的囊液，内膜上有白色颗粒样头节。有时因包囊破裂形成腔洞状，有时可见钙化灶。诊断剖检后发现虫体即可确诊。另外，也可在其他脏器如脾脏、肾脏、肌肉、皮下、脑、脊髓等处发现棘球蚴。

【防治】

1.预防　新引进的兔要检查是否有此虫寄生，避免引进带虫兔；加强饲养管理，避免饲料、饮水被兔粪便污染。

2.治疗　据报道，采用吡喹酮进行治疗的效果显著。

第十三节　兔疥螨病

该病是由于兔疥螨寄生于兔皮肤内引起的一种高度接触性外寄生虫病。分布于世界各地，流行于卫生条件较差的地区，传染性很强，以接触感染为主，轻度感染可致病兔皮肤发炎、剧痒、脱毛，影响生产性能，严重的造成死亡。这是目前严重危害兔业生产的一种疾病，对养兔业危害巨大。

【病原】

该病病原为疥螨，属于疥螨科、疥螨属。虫体较小，肉眼勉强能见，色淡黄，圆形，背面隆起，腹面扁平。

【流行特点】

1.本病的主要传播源是患病兔，通过与健康兔直接接触可以传播本病，也可以通过接触污染的饲料、用具而间接传播。

2.各种年龄的兔都可以发病，但幼兔比成年兔易感性更强，同时疥螨可以传染给人。

3.本病多发生于冬季与秋末、春初，日光不足、阴雨潮湿等条件最适合螨虫的生长繁殖并可促进本病的蔓延。

【主要临床症状】

1.该病常发生于兔的头部、嘴唇四周、面部以及四肢末梢毛较短的部位，甚至感染全身（图7-8～图7-10）。

2.病兔十分不安，常用嘴咬脚爪，致使患部因损伤而发生炎症，之后患部形成结节（图7-11）。

3.患部皮肤充血，稍肿胀，局部脱毛。病兔嘴唇发硬，致使采食困难，病兔迅速消瘦，极度衰竭而死亡。

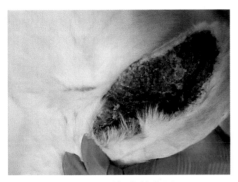

图7-8 耳郭内结痂图

图7-9 耳部头部脱毛，结痂

图7-10 脚趾感染螨虫

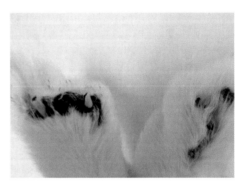

图7-11 脚趾感染，啃咬

【主要剖检病变】

1.发生疥螨的兔只，由于虫体的毒素和机械性刺激，使得病兔皮肤发痒、发炎，病变部位形成结节及水疱。

2.当水疱破裂后，形成结痂。进而发生脱毛、皮肤角质化、硬度增加。

【防治】

1.预防 该病尚无可用于预防的疫苗，可通过以下措施进行预防。定期应用治螨药物驱虫；搞好兔舍卫生，经常保持兔舍清洁、干燥、通风，饲养密度不要过大；及时进行检查，一旦发病，立刻进行隔离治疗，所有用具应彻底消毒；在引种时，严格隔离检查，确认无螨病后再混群饲养。

2.治疗 治疗疥螨病的药物有很多，现介绍几种供选用：①皮下注射伊维菌素，7天后再注射1次，效果明显；②三氯杀螨醇与植物油按一定比例混合，

涂布患部，1次即可治愈；③氰戊菊酯溶液，稀释成0.1%～0.2%的溶液对患处进行浸泡或喷淋。

第十四节　兔虱病

该病是由兔虱寄生于体表引起的外寄生虫病。患兔发生痒感，爪抓、啃咬、搔擦患处，皮肤呈现小出血点，皮肤增厚，皮屑增多，消瘦，生长停滞。本病对家兔的危害十分严重。

【病原】

兔虱是一种背腹扁平、无眼、无翅的吸血昆虫。足的末端有强大的爪，可以固定在兔毛上不至于脱落。

【流行特点】

兔虱只能寄生在家兔的身上，主要传染途径是接触传播，也可通过兔笼、剪毛剪及其他用具传播。冬季兔毛绒密，适合兔虱寄生繁殖，最容易发生兔虱感染。

【主要临床症状及剖检病变】

兔虱在叮咬吸血时，刺激兔皮肤，损伤血管，并分泌有毒的唾液，刺激皮肤中神经而引起皮肤瘙痒，影响兔的采食和生长。病兔用嘴啃咬患处或用爪搔痒，从而引起皮肤出血及脱毛坏死。有时在皮肤内出现小结节、小出血点甚至坏死。患病兔消瘦，幼兔发育不良。检查病兔体表可找到虱或虱卵。

【防治】

1.预防　平时应加强兔舍的卫生管理，经常保持兔舍清洁、干燥、阳光充足，并定期消毒。防止患病兔进入兔场，并对兔场进行定期检查，发现病兔立即隔离治疗。

2.治疗　阿维菌素或伊维菌素系列药物，口服或皮下注射；胺丙畏溶液体表喷雾；取中药百部根1份、水7份，煮沸20分钟，冷却至30℃时在兔体上涂擦；2%的敌百虫溶液喷洒兔体，或将5%的滴滴涕粉剂搓在患兔的被毛上。

第十五节　兔蚤病

该病是由兔蚤寄生于兔身上所引起的一种慢性体外寄生虫病,还能传播兔黏液瘤病等疾病。目前已知的能够侵害家兔的蚤大概有25种,对养兔业造成了一定的危害。

【病原】

兔蚤体左右扁平,覆盖小刺,没有翅膀,以吸食兔的血液为生。在兔体表或其巢穴内均可找到各发育阶段的虫体。

兔蚤的生活史属于完全变态,全部发育过程有卵、幼虫、蛹和成虫四个阶段。幼虫呈圆柱状,无足,咀嚼式口器,蛹居于茧内。在兔体表或其巢穴内均可找到各发育阶段的虫体。蚤的活动性强,对宿主的选择性比较广泛,能传播人的一些疾病。

【主要临床症状】

该病对兔的影响开始较轻,由于兔蚤吸食血液,刺激皮肤,引起瘙痒,可见患兔用嘴啃咬或摩擦瘙痒部,致使患部被擦伤或咬伤,出现红肿、部分脱毛,并可继发细菌感染,引起化脓性皮炎。

【防治】

1.预防　宜在平时结合灭鼠、防鼠进行,包括清除鼠窝、堵塞鼠洞、清扫兔舍及室内暗角等,并用各种杀虫剂杀灭残留的成蚤及其幼虫。注意对家兔的饲养管理,提高家兔自身抵抗力。

2.治疗　使用杀虱药对于兔蚤病的治疗也有效。可用溴氰菊酯、双硫磷、有机磷等杀虫剂或拟菊酯类药物进行灭蚤。

第八章 兔普通病

第一节 兔便秘

兔便秘是由于饲养管理不当，导致兔肠道运动机能及分泌机能紊乱，肠内容物停滞于肠管内，变干、变硬，造成粪便在肠腔内完全或不完全阻塞而引起肠管阻塞的腹痛性疾病。

【病因】

1.精、粗饲料搭配不当，精饲料过多，青饲料过少；长期喂干饲料，饮水不足。饲料品质不良，饲料中混有泥沙、兔毛等异物。

2.饲喂不定时，不定量，时饥时饱。兔贪食过量饲料而运动不足，打乱正常排便习惯而发病。

3.继发于肛门脓肿、肛瘘等疾病，以及某些热性病或胃肠弛缓等疾病。

【主要临床症状】

病兔精神沉郁，食欲减退或废绝，频频努责，排出少量坚硬的小粪球；排便次数减少，间隔时间延长，数日不排便，甚至停止排便；肠音减弱或消失。腹胀，起卧不宁，常头部下俯，弓背探视肛门。触诊腹部有痛感，可摸到坚硬的串球状粪粒。如无并发症，体温一般不升高。

【主要剖检病变】

结肠和直肠内充满干硬成球的粪便，前部肠管有积气。

【防治】

1.预防　消除发病因素，精、粗饲料合理搭配，保证饲料品质，避免其中混有异物，经常补充青绿饲料和多汁饲料；饲喂定时定量，防止兔群饥饱不均，使消化道有规律地活动；冬季喂干粗饲料时，应保证清洁充足的饮水；注意保持适当的运动，增强兔群体质。

2.治疗　原则是润肠通便，促进排粪。

（1）禁食　病兔停食1～2天后，加喂饮水，轻轻按摩腹部，并使之适当运动，促进积粪的排出。

（2）促进肠管蠕动　内服人工盐，加温水口服；内服液体石蜡或植物油，加水口服；冬瓜皮煎水灌服；豆油（加热熬开，去油沫，晾凉备用）、食醋、食盐、混合均匀，给病兔一次灌服。

（3）腹部按摩　一手抓兔耳、颈皮部保定，另一手轻轻按摩腹部，一天数次，既有软化粪便的作用，又能刺激肠道蠕动，加速粪便排出。

（4）灌肠　用温肥皂水（45℃左右）或2%碳酸氢钠水溶液灌肠，或用植物油、液体石蜡等肠道润滑剂灌肠。

（5）防腐制酵　内服10%鱼石脂溶液或5%乳酸溶液。

（6）止痛　疼痛剧烈时，肌内注射安乃近。

（7）中药疗法　大黄、枳实、厚朴、芒硝，煎水服或拌料喂服；白糖、天花粉、黄花、茶叶、山里红、陈皮、食盐，研磨成细末，边加开水边搅动，直至成稀粥状，给病兔一次灌服。

（8）补液　用葡萄糖生理盐水耳静脉注射补液，同时注意强心，多喂多汁易消化饲料，以减轻肠道负担。有食欲的病兔，可少食多餐，饲喂些柔软的青菜叶或嫩绿草。

第二节　兔腹泻

又称兔复合型肠炎，是家兔常见多发病，各种年龄的家兔均易感染（但断奶前后至3月龄的幼兔发病率最高）。

【病因】

引起兔腹泻的原因比较多，按致病原因性质可分为病原性腹泻和非病原性腹泻。

1.病原性腹泻　主要由球虫、魏氏梭菌、大肠杆菌、巴氏杆菌等通过损伤家兔肠道黏膜上皮，引起肠道发炎并产生毒素，导致肠毒血症，体液大量渗入肠腔引起腹泻。

2.非病原性腹泻

（1）气候变化　因秋、冬季气候变化大、兔舍过潮等，引起家兔腹泻。

（2）饲养管理不当　因饲料配方不合理，如精料比例太高；不定时饲喂；饲料、饮水品质不好、不卫生或采食带露水的草；仔兔断乳过早、消化不良；未及时清除有毒饲草；化学药品、疫苗刺激等因素导致腹泻。

【流行特点】

1.球虫病肠炎　不同品种和月龄的家兔都易感染球虫病，断奶后至3月龄的幼兔感染最为严重，死亡率高。

2.魏氏梭菌肠炎　各种品种、年龄的兔均可感染发病，但以1～3月龄的幼兔较多发生。

3.大肠杆菌肠炎　20日龄到4月龄仔兔易感染此病。病兔体温正常或偏低，四肢发冷；腹部明显肿胀，触感有气体和液体，俗称"胀肚"；初期粪便稀不成型，中后期拉鼠粪样粪便，成串、外有透明胶冻样或黏液样东西包裹（俗称"果冻便"），逐渐转化为水样粪便，可见黄棕色水样稀粪或黏液污染肛门及后躯肢体。

4.巴氏杆菌肠炎　各种年龄、品种的家兔都易感染，尤以2～6月龄兔发病率和死亡率较高。

5.泰泽氏菌肠炎　各种日龄的兔均可发生，但以幼兔和仔兔发病较多（主要发生于20日龄至3月龄的幼兔）。秋末春初多发，通常发病较急，病兔严重下痢，喂什么颜色饲料拉什么颜色水粪，脱水，迅速消瘦。

6.沙门氏菌肠炎　主要侵害怀孕母兔和仔兔，以发生败血症、急性死亡、腹泻和流产为特征，主要侵害怀孕25日以上的孕兔。粪便呈水样，排出泡沫的黏液性粪便，粪便有恶臭、呈灰白色或浅黄色。

7.绿脓杆菌肠炎　各年龄阶段的兔、各季节均易发该病。病兔多表现为极度沉郁、嗜睡、流泪、呼吸急促、体温升高、排血样粪便；死亡较快，有时不见任何症状则突然死亡。

8.兔轮状病毒肠炎　以严重腹泻为特征，主要发生于2～6周龄仔兔、幼兔，尤以4～6周龄发病率和死亡率最高，成兔呈隐性感染而带毒。病兔排半流质或水样粪便，易昏睡，食欲减退或废绝，迅速消瘦。

9.霉菌性肠炎　主要是由霉变饲料中黄曲霉素和其他真菌毒素引起。各年龄段家兔对霉菌均敏感。

10.非病原性肠炎　粪便稀软、无臭味，粪便中有未消化的草料。

【主要剖检病变】

1.球虫病肠炎　粪检可见大量球虫卵囊。

2.魏氏梭菌肠炎　腹腔有特殊臭味。胃部充满饲料，胃底黏膜脱落，常见有出血或黑色溃疡灶。肠管（特别是盲肠）充满气体，管壁薄且透明，肠黏膜弥漫性充血或出血。肝质脆，脾脏呈深褐色，膀胱积有茶色尿。盲、结肠内容物稀薄呈黑绿色，具腐败味。

3.大肠杆菌肠炎　胃膨大，胃黏大面积脱落。回肠扩张，有透明胶样黏液，内容物呈胶样，鼠样粪，外包有黏稠液。

4.兔巴氏杆菌肠炎　参见"兔巴氏杆菌病"章节。

5.泰泽氏菌肠炎　盲肠、结肠黏膜弥漫性充血、出血、水肿。盲肠高度充盈，有气体和褐色粪便，结肠浆膜严重水肿出血，肠管增粗，肠壁增厚，回、盲肠肠黏膜严重脱落，呈坏死性盲肠炎。心脏、肝脏有针尖状或环状坏死灶。

6.沙门氏菌肠炎　肝脏有弥漫性或散在性的黄色针尖大小的坏死灶，大肠内充满黏性粪便，肠壁变薄，胸、腹腔积液，肠黏膜有黄色小结节。

7.绿脓杆菌肠炎　肠腔内充满血样液体，脾肿大，呈樱桃红色。

8.兔轮状病毒肠炎　肠黏膜水肿，上皮脱落，发生萎缩性肠炎。

9.霉菌性肠炎　肝脏呈淡黄色、硬化，肠黏膜充血，盲肠浆膜无出血斑。

10.非病原性肠炎　剖检时特征性病变不突出。

【防治】

1.预防

（1）饲料中蛋白质含量不宜过高，保持足够的粗纤维成分（在12%～15%），水拌饲料和饮水要清洁无污染，水分多的青绿饲料应稍微晒一下再喂，减少应激反应发生。

（2）不饲喂发霉变质的饲料，特别是秸秆、藤蔓类饲料和花生饼；饲料压粒后及时晾干，保持饲料间的通风干燥。

（3）仔兔断乳是一个较大应激过程，应创造良好的饲养环境，根据兔群的健康状况，有计划地进行预防性投药，在饲料中定期交替加喂磺胺脒、诺氟沙星和大蒜等，防止腹泻发生。

（4）加强室内空气流通，减小饲养密度，夏天注意防暑降温，冬天做好防寒保暖，增强母兔和仔兔的体质。加强日常卫生防疫措施，保持兔舍兔笼的清洁、干燥、卫生，注意消灭苍蝇、蚊虫。及时淘汰病、弱、残兔，消除各种降低机体抵抗力的应激因素和致病因素。

（5）制定合理的防疫程序，控制兔群病原性肠炎的传播和流行。仔兔在断乳前后是腹泻病的高发期，20日龄以上的兔可接种大肠杆菌多价苗，30日龄可接种魏氏梭菌苗。在大肠杆菌传播严重的地区，仔兔应在首免后的第15～20天，再补注1次大肠杆菌多价苗，这样可以大大减少腹泻的发生。

（6）防止哺乳母兔发生乳房炎。

2.治疗

（1）在使用抗菌药物治疗的同时，结合补液和对症治疗，临床上要根据不同情况区别对待。对脱水严重、全身状态恶化者，可静脉注射5%葡萄糖溶液，并加入5%碳酸氢钠溶液。

（2）中药验方。

①对于吃水分过多的青饲料引起的腹泻：百草霜分两次拌喂；大蒜苗或陈皮与青饲料混切饲喂；大蒜酊（大蒜去皮捣碎，加白酒，浸泡7天后过滤去渣），连用2～3天。

②对于吃食不宜消化的饲料引起的腹泻：酒曲炒后研细，根据兔的大小混入饲料喂食，每天2次，连用2～3天。

③对于吃腐败饲料引起的腹泻：防风、甘草加水煎成浓汁，再加绿豆，冷后饲喂，每天2次，连用2天。

④对于风寒感冒引起的腹泻：苏叶、大蒜苗、葱白与青饲料混喂，每天2次，连喂3天。

⑤对于管理不当、环境不卫生、水草受污染引起的腹泻：辣蓼洗净晾干后饲喂，每天2次，连喂3天；山鸡椒、鸡内金，烙干研细后灌服，每天2次，连喂2天。

⑥对于受农药污染引起的腹泻：鲜贯众捣烂滤汁灌服，每天3次，连喂3天，对轻度中毒有较好疗效。

第三节　兔感冒

也称伤风，是由寒冷刺激引起的以发热和上呼吸道黏膜表层炎症为主的一种急性全身性疾病，是家兔常见的呼吸道疾病之一。若治疗不及时，容易继发支气管炎和肺炎。

【病因】

主要是由寒冷突然侵袭致病，常发生于早春、晚秋及冬季等气候多变季节。如冬季兔舍防寒不良，突然遭到寒流侵袭；或早春、晚秋天气骤变，日间温差过大，机体不适应造成抵抗力降低；运输过程中被雨淋湿；兔舍内氨气和灰尘等有害成分含量超标都可引发此病。常突然发病，尤以幼兔和剪毛期、换毛期易感染。

【主要临床症状】

病兔精神沉郁，不爱活动，呼吸明显加快，眼呈半闭状，食欲减退或废绝，鼻腔内流出多量水样黏液；打喷嚏、咳嗽、鼻尖发红，呼吸时鼻孔内黏液鼓起。继而四肢无力，体温升高至40℃以上，皮温不整，四肢末端及鼻耳发凉，呼吸、脉搏频率增加，咳嗽，出现战栗。结膜潮红、充血并有轻度肿胀；伴发结膜炎时，有时怕光、流泪。若治疗不及时，鼻黏膜可发展为化脓性炎症，鼻黏膜充血、肿胀，初流清涕，后变浓稠、呈黄色，鼻痒，打喷嚏，常以前肢搔鼻，呼吸困难，进而发展成为气管炎或肺炎。

【主要剖检病变】

1.本病的主要病变在呼吸道。
2.气管黏膜充血和出血，管腔内有粉红色黏液和纤维素性渗出物。
3.肺表面可见到大小不等、深褐色的斑点状肝样病变，病变部位不含气体。
4.还见有纤维素性胸膜炎和心包炎，胸腔会有红色渗出物，胸膜及心包之间发生粘连。

【防治】

1.预防　在气候寒冷和气温骤变的季节，要加强防寒保暖工作。
（1）减少冷风侵袭　兔舍要保持干爽、清洁、通风，在保证适当的空气流通的情况下对门窗进行封闭，仅在天棚附近留少数通风孔即可，避免冷风和过堂风的侵袭。
（2）科学饲养管理　饲喂易消化饲料，饮水供给充足，增加运动量和光照，保持兔只体况良好，增强抵抗力。
（3）科学添加　通过在饲料中添加一些抗寒饲料或饲料添加剂，向兔只提供热能，消除寒冷应激，提高兔群在寒冷环境中的抗逆能力。如适量添加酒糟、黄豆籽实、稻谷籽实等暖性饲料，或生姜、松针、辣椒等暖性饲料添加剂。同时，鱼肝油、维生素C、维生素E等可分别通过抗脂氧化、固定肠道有益菌提高肌体免疫力等，增强抗病力，减少感冒发生。

（4）防暑保暖　夏季通过舍顶喷水、铺反光膜、搭建凉棚、加强通风等方式做好防暑降温工作；冬季准备好充足的垫料，垫草2～3天要更换一次，做好保暖工作。

（5）其他　定期清理粪便，减少不良气体刺激。运输途中要防止淋雨受寒，同时还应注意在阴雨天气禁止进行剪毛或药浴。

2.治疗　原则是解热镇痛和防止继发感染。

（1）隔离病兔　将病兔转移到保暖条件好的地方进行治疗，喂食鲜嫩青草及营养丰富易消化的优质饲料；饮温水，可用白开水加白糖少许、维生素糖原、百菌净饲喂。

（2）解热镇痛　如口服索米痛片，每天早晚各1次，轻者两次，重者连服3天；口服银翘解毒片，每次2片，1天3次；皮下注射或肌内注射安痛定注射液，每天2次，连服2～3天；口服对乙酰氨基酚，每天2次，连服2～3天。

（3）防止继发感染　如肌内注射青霉素、链霉素或吗啉胍注射液，每天2次，连用3天；内服磺胺二甲基嘧啶，连用4天；内服阿司匹林，每天3次。另用1%的麻黄碱，向鼻腔内滴，每天3次；或用75%酒精洗鼻。

（4）中药验方　如黄芩、白芷、桑白皮、黄连、桔梗、贝母、甘草煎液供病兔自由饮服或灌服；一枝黄花、金银花和紫花地丁，共同切碎、用水煎服，连服1～2剂；内服绿豆双花汤（绿豆、金银花加水煎成药液），1天2次，连用3天。

第四节　兔鼓胀病

又叫急性胃扩张、胃肠臌气，是由家兔胃肠臌气造成的一种消化障碍性疾病，2～3月龄幼兔多发。

【病因】

1.因幼兔消化器官发育尚不完善，当饲喂过多的精料或易发酵、膨胀的饲料（如麸皮、豆渣等），误食变质的、冰冷或带泥土的饲料，采食新鲜三叶草、产热的青绿饲草等，极易引起消化不良和胃肠炎；怀孕和哺乳期母兔因食量增加并采食更多的饲料，所以也较一般家兔更易发病。

2.由胃肠本身疾病引发，如由大肠杆菌、魏氏梭菌等肠道细菌感染引起胃肠臌气。通常有较强的传染性，幼龄家兔更易感。

3.天气骤然变化，温差大，兔舍寒冷、潮湿、采光不足，兔腹部受凉，发冷等，也易诱发本病。

4.运动不足。

【主要临床症状】

1.精神沉郁，食欲废绝，腹部膨大，叩诊呈鼓音，大量流涎，呼吸困难，病兔伏卧或常蹲，心跳加速，咬牙，不断呻吟。

2.可视黏膜潮红，甚至发绀，便秘，触诊胃部充满食物且有气体，肠内也有大量气体。

3.呼吸困难，重者可出现窒息急性死亡。

4.数天后由于衰竭死亡

【主要剖检变化】

1.胃膨大，内容物稀，充满大量的液体和气体。

2.十二指肠、空肠、回肠肠腔充气，盲肠发红，盲肠中有大量未消化的饲料（从外触摸像面团一样）。

3.有的肠道发硬、不通，结肠变平、变粗，充气，肠腔胀气。

【防治】

1.预防

（1）要做好防寒保暖工作，避免兔突然受凉。

（2）饲料应少喂勤添，定时定量，不饲喂过多精料；不饲喂霉变、腐烂、变质的饲料；带有露水、雨水和霜雪的饲草要晾干后再喂；对贪食兔要分开饲喂；更换饲料应逐渐进行。

（3）供应充足饮水，适当增加运动。

（4）幼兔断奶不宜过早。

2.治疗　原则是排空胃肠积物，恢复胃肠机能，制止发酵、缓泻。

（1）大蒜捣烂后加入食醋，一次内服。

（2）石菖蒲、青藤香、山楂、橘皮、神曲加水煎汁后内服。

（3）口服大黄苏打片，每天2次，连服3天。

（4）灌植物油10毫升润滑胃肠，促排积食。

（5）灌服十滴水或萝卜汁，有利于排气。

（6）口服二甲基硅油片，1天2次，连服2天。

（7）大黄碳酸氢钠片、二甲硅油片口服，1天2次，连用2~3天；或配合植物油、小苏打、温水，1次灌服。

（8）乳酶生、复合维生素B$_1$片、多酶片，温开水调匀灌服，1天2次，连用2~3天；同时用山楂、厚朴、神曲、茯苓、大腹皮、甘草、黄连，煎成30%浓药液，内服，1天2次，连用2天。

（9）按摩腹部，以促进积食及气体排除，适当口服消炎药物以防引发其他疾病。

（10）适当增加病兔运动。

第五节　兔流产和死产

母兔怀孕中止，排出未足月的胎儿称为流产；怀孕足月但产出死胎称为死产。一般初产母兔出现死产的较多。

【病因】

原因很多，比如机械损伤、惊吓、用药过量或长期用药、误用有缩宫作用的药物或激素、交配刺激、疾病、遗传性流产、营养不足、中毒等均可引起兔流产或死产。在生产中以机械性、精神性及中毒性流产和死产最多。

1.机械性流产和死产

（1）摸胎不当　摸胎时用力过大，或长时间揉捏胚胎，可导致胚胎受损，甚至死亡。

（2）捕捉粗暴　随意捕捉怀孕母兔、抓提动作粗暴、保定方法不当，使怀孕母兔受到惊吓或伤害，造成流产。

（3）打架撕咬　饲养群体过大时，兔咬架斗殴伤及孕兔腹部，引起流产。

（4）笼舍隐患　部分兔笼、饲槽设计不合理或做工粗糙，如木笼毛刺外露、饲槽边缘不整、木板钉头突出、铁笼网格过大、笼边铁丝翘起、地板潮湿或废气积累过多时，均易造成母兔皮肤外伤、脚部骨折、细菌感染、结膜炎症等，进而引起流产。另外，产箱过高、洞门太小或笼舍狭小使孕兔腹部受挤压、撞击等情况也可造成流产。

（5）过度惊吓　强烈的噪音、突然的响声（如放鞭炮）、猫狗及野生动物窜入、突然的强光刺激（如手电筒照射）等，使怀孕母兔受惊四处逃窜，若腹部受到冲撞或顶触，容易损伤胚胎，造成流产或死产。

（6）孕期剪毛 毛用兔在妊娠期特别是妊娠后期采毛，可影响胎儿正常发育，引起流产。

2.饲料因素

（1）饲料品质差 饲喂发霉、腐败、变质的饲料和有毒青草、酸度过高的青贮饲料等，引起母兔中毒，造成消化系统紊乱、胎儿发育中断，直接刺激子宫而引起死产和流产。

（2）饲料搭配不当，营养价值不全 如当日粮中蛋白质不足时，胎儿发育受阻，甚至中断，造成死产，极度缺乏的可造成流产；缺乏维生素A时，胎膜容易脱离，造成死产；妊娠初期维生素E缺乏时，胚胎发育初期即死亡（被兔吸收，俗称"化崽"），后期缺乏维生素E时易早产；钙、磷缺少或硒、锌、铜、铁缺乏时，胎儿营养补给不足，可引起胎儿发育中断或产弱胎和畸形胎。

（3）饲料更换突然 妊娠期饲料发生骤变，刺激胎儿营养吸收，也易引起死产和流产。

（4）饲料温度过低 冬季采食结冰的饲料或饮用温度过低的水等可引起流产和死产。

3.用药不当 家兔怀孕后因发生疫病，投喂大量的泻剂、利尿剂、子宫收缩药或麻醉剂等烈性药物或注射疫苗时，可造成应激反应，引起流产。

4.疫病性流产和死产

（1）传染性疫病 如兔瘟、流感、痘病、流行性乙型脑炎、巴氏杆菌病、魏氏梭菌病、大肠杆菌病、肠炎、中暑及各种寄生虫病，都可能引起流产，有时会死产、产出畸形胎。

（2）繁殖障碍 如患有严重的梅毒病、恶性阴道炎、子宫内膜炎等生殖器官疾病时，母兔不易交配受精，即使受精也常因胚胎死亡导致流产。

5.育种繁殖不合理

（1）近亲繁殖，可造成后代体质下降、品种退化，严重时甚至导致妊娠终止，引起流产，有时会死产、产出畸形胎。

（2）种兔年龄过大，会影响仔兔体质，使仔兔抗病力下降，也容易造成胚胎死亡或早期流产。

（3）习惯性流产。

（4）母兔生殖器官发育不全，子宫体如子宫颈过短、子宫颈内松弛等引起流产、死产。

6.孕后误配 母兔怀孕后，公、母兔混圈饲养，孕后发生交配导致流产。

7.母兔初产　有些初产母兔在产第一窝仔时高度神经质，母性差，也会造成死产。

【主要临床症状】

1.在流产与死产前一般无明显症状，或仅有轻微的精神、食欲变化，不易察觉，发现时常常是在笼舍内见到母兔产出的未足月胎儿或者仅见部分遗落的胎盘、死胎和血迹（其余的已被母兔吃掉）（图8-1、图8-2）。

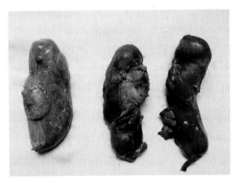

图8-1　流产胎儿　　　　　　　　　　　　图8-2　死胎

2.怀孕初期，流产可表现为隐性（即胎儿被吸收，不排出体外），被误认为未孕；有的怀孕15～20天左右，孕兔衔草拉毛，或无先兆地产出未足月的胎儿；有的比预产期提前3～5天产出死胎，有时产出部分死胎、部分活胎儿；有的产胎持续几天。产后多数体温升高，食欲缺乏，精神萎靡。有时产后无明显症状。

3.个别病兔可继发阴道炎、子宫炎，屡配不孕。

【防治】

1.预防　本病关键在于预防。

（1）加强饲养管理

①按孕兔发育特点和妊娠阶段饲喂。妊娠前15天可与空怀母兔饲喂基本相同的饲料，根据膘情，适当加料；妊娠15～20天应逐渐提高饲料营养水平，增加饲喂量，供应富含蛋白质、矿物质和维生素的优质饲料；妊娠20～28天饲喂高营养水平饲料或大量增加饲料供应量；妊娠28天至分娩，多数母兔食欲降低，应减少饲喂量。整个妊娠期，不得喂食发霉变质和冰冻饲料，防止流产。

②在冬季青绿饲料少的情况下，一定要做到粗、精饲料的合理搭配，同时保持每天不少于一次青绿多汁青饲料（但在喂前一定要清洗干净、晾干水分后再喂）的饲喂，确保孕兔安全产仔。

③保证怀孕母兔的生活环境安静、舒适。控制好兔舍温度和湿度，经常通风换气，减少氨气和二氧化碳等气体的含量，并保证充足的饮水。

（2）避免机械性损伤

①母兔怀孕后，一般不要随意捕捉孕兔，捕捉时也要轻拿轻放，切忌捉住兔子两只耳朵任其挣扎甚至使兔跌落在地（正确的做法是抓其背中稍前方耳后的皮肤处，注意不得损伤毛皮）；摸胎要在配种后15天进行。

②保持兔舍安静，严防各种应激的发生，严防猫、狗等动物闯入兔舍，不要在兔舍周围燃放鞭炮、大声喧哗等，不让生人进入兔舍。

③饲喂时先喂孕兔，防止孕兔因急于采食而冲撞兔笼发生意外。

④怀孕母兔禁止长途运输，毛用怀孕母兔禁止采毛、拔毛（如需采毛，可用剪毛法）。

⑤在有条件的情况下尽量做到怀孕母兔一笼一兔。

（3）做好防疫工作

①尽量避免用药，或在专业人员指导下，严格控制用药剂量。

②做好各种疫病的预防工作，建立、执行合理的免疫程序。

③对兔舍和各种用具及时消毒，经常清洗料槽、水槽，保持兔舍干净卫生。

④发现有流产先兆的母兔，可肌内注射黄体酮保胎。

⑤对有习惯性流产的母兔，用中药安胎散预防流产，口服，连用10日。

（4）做好育种选育工作

①选择品质好的种兔，提高母兔受胎率和抗应激能力。

②防止早配和近亲配种，定期引进种公兔，建立种兔卡片、系谱档案和配种记录。

③及时淘汰品质不好或习惯性流产的母兔。

2.治疗

（1）对流产后的母兔，使其安静休息，喂给营养充足的饲料，并加喂3%食盐，饮用3%葡萄糖溶液。

（2）用0.1%依沙吖啶溶液、0.1%来苏儿溶液或0.1%高锰酸钾溶液冲洗子宫，直至子宫中排出的分泌物变为正常。

（3）及时口服或注射抗菌类药物，并进行局部清洗消毒，控制炎症以防继发感染。

第六节　兔外伤和脓肿

兔受各种机械性的外力作用造成的机体损伤称之为外伤。兔的任何组织或器官因化脓性炎症形成局限性脓汁积聚，并被脓肿膜包裹，称为脓肿。

【病因】

1.外伤是由笼舍的暴露铁钉、尖铁丝、尖木块或破损的饲料容器等锐利物的刺伤、划伤；兔只间咬斗或被其他动物（如猫、狗、老鼠等）咬伤；兔受过度惊吓乱跑乱撞；剪毛时剪刀误伤等原因造成。另外，哺乳期母兔由于无乳或缺乳被仔兔咬伤或母兔咬伤仔兔也可造成外伤。

2.脓肿多因兔外伤后葡萄球菌、链球菌、绿脓杆菌等病原菌感染化脓引起。另外，机体缺乏维生素B_2和维生素B_{12}时，对化脓菌的抵抗力降低，也是本病的诱因。同时，注射治疗时消毒不严可引发脓肿，皮下或肌内注射各种强刺激剂时可发生非生物性脓肿。

【主要临床症状】

1.外伤　可分为新鲜创和化脓创。

（1）新鲜创　可见出血、疼痛和伤口开裂。如伤及四肢可出现跛行。重创者可出现不同程度全身症状。

（2）化脓创　患部疼痛、肿胀，局部增温，创口流脓或形成脓痂。化脓性炎症消退后，形成肉芽创。良好的肉芽为红色、表面平整、颗粒均匀，较坚实，表面附有少量黏稠的灰白色脓性分泌物。

2.脓肿　有急性脓肿和慢性脓肿、浅在性脓肿和深在性脓肿之分。

（1）急性浅在性脓肿　局部增温、疼痛、肿胀，脓肿中央逐渐软化而有波动感，并有自溃倾向，皮肤变薄、被毛脱落，皮肤破溃后向外排脓。

（2）急性深在性脓肿　初期炎症表现不明显，仅表现患部皮肤和皮下组织轻微炎性水肿，触诊疼痛，常有指压痕，有时兔活动不自如。脓肿成熟后，波动也不明显，深部穿刺见到脓汁方可确诊。

（3）慢性脓肿　发生发展缓慢，局部炎症反应轻微或无反应。有的脓肿膜很薄，外表好似囊肿，有波动感；有的脓肿壁增生大量的纤维性结缔组织，外表似纤维瘤；有的脓汁逐渐浓缩甚至钙化。

【防治】

1.预防

（1）外伤　清除笼舍内的尖锐物体；控制笼内兔的密度，同性别成年兔分开饲养；防止猫、狗等动物进入兔舍，防止过度惊吓的发生；小心剪毛，加强饲养管理，适量补充富含维生素和蛋白质的饲料，每次饲喂时供应充足，避免过激争食抢食。同时，母兔产仔后给予饮水，保持兔舍周边安静，防止母兔咬伤仔兔；根据母兔的泌乳能力适当调整仔兔数量，防止母兔因无乳或缺乳被仔兔咬伤。

（2）脓肿　清除引起外伤的原因并加强饲养管理，补充富含维生素和蛋白质的饲料。经常观察兔群，发现皮肤和黏膜有外伤时，应及时处理。打针时，对注射针头、皮肤均应进行彻底消毒，防止感染。

2.治疗

（1）外伤

①轻伤（浅表小伤口）　可不治自愈，也可局部剪毛涂擦2%～3%碘酊或5%甲紫溶液即可痊愈。

②新鲜创　分步处理。先止血，可用压迫、钳夹、结扎等方法，也可局部用止血剂；必要时全身应用止血剂，如安络血、维生素K_3、氯化钙等。再清创，用消毒纱布盖住伤口，剪除周围被毛，用生理盐水或0.1%新洁尔灭洗净创口周围，用3%碘酊消毒创口周围。接着清理创腔，除去纱布，用镊子仔细清除创口内异物和脱落组织，用生理盐水、0.1%高锰酸钾溶液等反复洗涤创口，并用灭菌纱布吸干，于创面涂抹碘酊。然后消毒，对于不能缝合且较严重的外伤，应撒布磺胺粉或青霉素、链霉素、四环素等抗生素防止感染。最后包扎，大伤口进行包扎或缝合（创缘整齐、创面清洁，外科处理较彻底时，可行密闭缝合；有感染危险时，可行部分缝合），隔天换一次药，直至痊愈。

伤口小而深或污染严重时，应及时皮下注射破伤风抗毒素以防发生破伤风。治疗破裂伤期间，笼舍内及创伤部位都应保持清洁、干燥。

③化脓创　清洁创口周围后，用0.1%高锰酸钾溶液、3%双氧水或0.1%新洁尔灭等冲洗创面，除去深部异物和坏死组织，排出脓汁，创内涂抹魏氏流膏等。大伤口用魏氏流膏纱布填塞后简单缝合，隔天换一次药，直至痊愈。

④肉芽创　清理创口周围，用生理盐水轻轻清洗创面后，涂抹刺激性小、能促进肉芽及上皮生长的大黄软膏、3%甲紫等。肉芽赘生时，可切除或用硫酸铜溶液腐蚀。

（2）脓肿

①初期脓肿尚未成熟时，可连续应用足量抗生素或磺胺类药物；患部剪毛消毒后涂抹雄黄散、复方醋酸铅溶液、鱼石脂酒精等，以促进炎症消散。

②在脓肿的中期，可用10%鱼石脂软膏、5%碘软膏或5%碘酊，涂抹患部，1天1次，连用2～3天；或用温热疗法（如热敷、红外线等），以促进脓肿成熟。

③脓肿成熟时（局部出现明显的波动感），应立即进行手术治疗。抽取排脓法（尤其适用于长毛兔）：局部剪毛消毒后用注射器穿刺、抽净脓汁，然后用生理盐水反复冲洗，最后灌注青霉素或2%碘酊（根据脓腔大小确定灌注量）。切开排脓法：用于大脓肿，先局部剃毛，碘酊消毒，在最软化部位切开（应尽量在波动区最下部切开，但不能超过脓肿壁），切开后任脓汁自行流出（严禁压挤或擦拭脓肿腔），然后用消毒剂反复冲洗，先用2%过氧化氢溶液，后用生理盐水，并撒布阿莫西林粉末，创口较大时，不能完全缝合，在切口上1/2处缝合，同时肌内注射或口服抗生素。

④中药验方：鲜马齿苋、鲜蒲公英捣烂贴于患部，可治疗初期硬热疼痛；蓖麻子仁、苦杏仁、松香捣烂，加入菜籽油熬成糊状，候凉，涂于患部，1天2次，可治疗小疖肿初期的坚硬疼痛。蒲公英、瓜蒌根、甘草，煎汁适量，1天内服1剂，药渣加醋捣烂外敷，可治疗脓肿初期肿痛。

第七节　兔乳房炎

家兔乳房炎是产仔母兔最为常见的一种疾病，多发于产后5～20天的初产母兔，因各种病因感染病原微生物引起一个或多个乳房发生炎症。

【病因】

1.外伤性因素　由于兔笼、产仔箱粗糙或有锐利异物损伤乳房，或因母兔分泌乳汁不足，仔兔饥饿，吮乳时咬破乳头而致伤。

2.生物因素　外伤性等因素造成链球菌、葡萄球菌、化脓棒状杆菌、大肠杆菌、绿脓杆菌等病原微生物的侵入感染母兔乳头和乳房。

3.饲养管理因素　母兔饲养不当，分娩前后投喂精料和多汁饲料过多，致使乳汁分泌过多或者浓稠，仔兔吸吮不完，浓稠的乳汁堵塞乳腺管，乳汁因停留乳房时间过长而引起乳房炎。

4.其他因素　产后仔兔死亡或母兔乳头乳腺有溃疡而拒绝仔兔吸乳，造成乳汁在乳房内淤滞，乳头管扩张，导致病原菌感染乳房而发炎。母兔产后受寒或产后因其他炎性疾病而继发乳房炎。

【主要临床症状】

1.乳腺炎　由化脓菌、链球菌、葡萄球菌等病原微生物侵入乳腺所致。患病初期表现为乳房皮肤局部红肿、皮肤敏感、皮温升高。发病不久，在乳房区皮下可摸到粟粒样的肿块，后期皮肤发黑，肿块软化后形成脓肿，最后脓肿破裂，脓液流出（也可提前用手向外挤压脓肿），其脓汁呈乳白色或淡黄色，一般可自愈。

2.败血型乳腺炎　发病初期在乳房局部出现不同程度的红色肿胀、增大、变硬、皮肤紧张，而后显紫红、发黑，并迅速蔓延至整个腹部。患兔精神沉郁，体温升高到40℃以上，不喜活动，呼吸加快，食欲减退或废绝，饮水增加，耳及四肢末端发凉。母兔给仔兔喂乳时，因乳房疼痛而拒绝哺乳。在乳腺炎中此类最为严重，死亡率最高，如不及时治疗，一般发病4～6天死亡，仔兔多由于没有吃到乳汁而衰竭死亡。患乳腺炎和败血型乳房炎母兔如果继续哺乳，则仔兔多发生黄尿病，重者死亡。

3.普通乳房炎　炎症局限于一个或数个乳房，乳头发黑发干、患部红肿、皮肤张紧发亮、皮温增高。母兔一般仍能正常哺乳，但哺乳时间较短，仔兔吃不足乳汁，体况较差。

【防治】

1.预防

（1）母兔临产前3～4天适当减少精料，产后3～5天多喂青绿多汁饲料，少喂精料，产后10～20天适当增加精料和青绿饲料。

（2）保持兔笼、分娩箱和运动场的清洁卫生，定期进行消毒，清除尖锐杂物，兔笼、产仔箱出入口处要平滑，以免引起外伤。

（3）饲养密度不宜过大，及时检查乳房，注意母兔乳房卫生，产前可用0.1%新洁尔灭清洗乳房。母兔产仔前3～5天，投服磺胺二甲基嘧啶片，每天2次。该药既可抗菌消炎，预防乳房炎的发生，又可治疗母兔体内的球虫，减少仔兔感染球虫的机会。

（4）经常发生乳房炎的母兔，应在母兔产后2～3天内肌内注射大黄藤素注射液，并每日口服新诺明片，连用3天，或用长效抗菌药物肌内注射2～3天，以降低乳房炎的发病率。

（5）根据母兔泌乳能力，合理调整母兔带仔数。如产仔多的、母兔泌乳量少的，可取出部分仔兔寄养，以免仔兔因吃不到乳汁而咬破母兔的乳头。产仔少的或产后部分仔兔死亡的，可调入一些其他同龄仔兔哺乳或每天将多余的乳汁挤出。

（6）加强产仔母兔和新生仔兔的保温，严防母、仔兔受风寒邪气侵袭。给仔兔喂乳后，应及时将仔兔放回保温箱，以免仔兔受冷死亡后，母兔乳房乳汁滞留而发生乳房炎。

（7）随时检查母兔乳房皮肤状况，发现皮肤破损应及时用5%的碘酒或甲紫药水涂于患部。

2.治疗

（1）轻度乳房炎，用手在乳房周围按摩，每次15～20分钟，挤出乳汁，局部涂以消炎软膏，如氧化锌、10%樟脑、碘软膏等，配合服用四环素片，每天2次，2天可愈。

（2）青霉素、链霉素，加鱼腥草注射液，肌内注射，并口服磺胺嘧啶片、贝诺酯、维生素C，以上药物每天2次，连用3～6天。

（3）青霉素钠、鱼腥草注射液和地塞米松，分2次做肌内注射，每天早晚各1次，连用3天病症即消失、痊愈。

（4）封闭疗法：2%的普鲁卡因配以注射用水、青霉素局部封闭注射，药液注射于乳房基部，分2～3点，每2天1次，连用2～3次可治愈。或用青霉素、链霉素、0.25%普鲁卡因在乳房基部做封闭注射。

（5）冷、热敷疗法：乳房炎初期（24小时内），充血肿痛，用5～10℃的毛巾冷敷；炎症的中后期（24小时后）用热敷法，用45～50℃的热毛巾患处，涂鱼石脂软膏促使患处软化挤出乳汁，每2天1次，2～3次即可痊愈。

（6）中药治疗。

处方一：蒲公英、地丁、金银花、连翘、野菊花，水煎内服，每天1次，连用2～3次。

处方二：鲜蒲公英、鲜薄荷、芦根、煎服每天1次，连用4天。

处方三：仙人掌去刺后将皮捣烂，用酒调外敷患部，每天1次，同时肌内注射大黄藤素或鱼腥草注射液，每2天1次，连用2～3次可治愈。

处方四：大黄、黄芩、黄连、苍术、陈皮、厚朴、甘草研末分2～3次冲服。

处方五：当归、金银花、瓜蒌、川芎、蒲公英、玄参、柴胡、甘草煎汁灌服，每天1次，连服3天。

（7）乳房化脓应及时行脓肿切开术。当乳房肿胀部变小、发白、透亮、指压有波动感时表明脓肿已成熟。用2%碘酒消毒后，选择波动最明显且易于排脓的部位切开（有乳头部位作月牙形切，无乳头地方作"十"字形或T字形切），扩开脓腔，用镊子和棉签夹出坏死组织并吸净脓液，用3%双氧水、生理盐水等冲洗脓腔，术部放入消炎药，并配合全身治疗，肌内注射青霉素钠盐，每天2～3次，连用3～5天。如果效果不明显，可改用氨苄西林、红霉素等抗菌药物。

第八节　兔口炎

本病为口腔黏膜表层或深层的炎症。临床症状以流涎及口腔黏膜潮红、肿胀、水疱、溃疡为特征。

【病因】

1.物理性因素　如硬质和棘刺饲料、尖锐牙齿、异物（钉子、铁丝、石子等）都能直接损伤口腔黏膜，继而引起炎症反应。

2.化学性因素　如采食霉败饲料、污水，误食生石灰、氨水、消毒液等，均可引起口炎。另外，口炎还可以继发于舌伤或咽炎等邻近器官的炎症。

3.生物性因素　如病毒、细菌、真菌等病原微生物可引发口炎。

4.饲养因素　如饮水不足、维生素缺乏、药物过敏等也可引发口炎。

【主要临床症状】

1.若口炎是由粗硬饲料损伤所致，则兔群里有许多只发病。

2.病兔口腔黏膜发炎疼痛，食欲减退。有的家兔虽处于饥饿状态，主动奔向饲料放置处，但当咀嚼出现疼痛时，便立即退缩。

3.患兔大量流涎，并常黏附在被毛上。口腔黏膜潮红、肿胀，甚至有损伤或溃疡。若为水疱性口炎，口腔黏膜可出现散在的细小水疱，水疱破溃后可发生糜烂和坏死，此时流出不洁净并有臭味的唾液，有时混有血液。

【防治】

1.预防

（1）加强饲养管理，及时修缮圈舍、笼具、饲槽并去除锈迹及断裂处，检查饲草中有无铁丝、钉子、石子等异物，防止兔口腔黏膜的机械损伤，禁喂粗硬带刺的饲料，及时除去口腔异物，修整锐齿。定期使用0.5%过氧乙酸或1%～2%过氧化氢溶液对饲养环境进行清洗消毒。

（2）消除病因，及时更换清洁的饮水，单独添加维生素，并喂以营养丰富且易消化的柔软饲料，以减少对兔口腔黏膜的刺激。

2.治疗

（1）药物疗法。根据炎症变化，选用适当的药液洗涤口腔至症状消失：炎症轻微时，用2%～3%食盐水或碳酸氢钠液；炎症较重并有口臭时，用0.1%高锰酸钾溶液或0.1%依沙吖啶；唾液分泌较多时，用2%硼酸溶液或2%甲紫溶液。洗涤口腔时，兔的头部要放低，以便于洗涤的药液流出，若将患兔头部抬得过高，则冲洗药液容易误入气管而引起异物性肺炎。

（2）病兔出现体温升高等全身性症状时，应及时使用抗生素，并对症治疗。

第九节　兔胃炎

兔胃炎是家兔胃黏膜表层或深层组织的出血性、纤维素性、坏死性炎症疾病，以消化机能障碍为主征，各种年龄的家兔均可发生，幼兔发病后死亡率最高。胃炎分为原发性和继发性两类，原发性胃炎常由饲养管理不当引起，继发性胃炎多由见于某些传染病或寄生虫病的继发感染。

【病因】

1.原发性　主要与动物饮食不当有关。最常见的是吃了腐败变质饲料或冰冻饲料，服用或误食某些药物和化学物质（重金属、杀草剂等）。

2.继发性　由细菌、真菌、病毒或寄生虫引起炎症后的继发感染。

【主要临床症状】

1.家兔胃炎的主要症状是食欲减退、萎靡不振、便秘或腹泻，或两者交替发生。

2.胃、肠有不同程度的臌气，尿量少或不排尿。

3.重症病例中，患兔极度衰弱，肚腹蜷缩，不爱活动。

4.粪便中混有多量的黏液，个别病例有血液或灰白色纤维素膜，并有难闻臭味。

【防治】

1.预防　加强饲养管理，注意饲料质量，禁喂霉变、冰冻饲料和冰冻的饮水，饲喂青绿饲料时要先洗净晾干，防止农药残留。

2.治疗

（1）病兔发病时要限制采食，至少禁食12～24小时，在此期间可给少量的饮水。然后喂以易消化、高糖低脂低蛋白的饲料，食量要逐渐增加。

（2）对于有腹泻症状的病兔要补液，可静脉注射5%葡萄糖或林格氏液，上、下午各1次；当病兔发生便秘时，可内服盐类泻剂，如内服人工盐或硫酸钠。

（3）对一时不能恢复食欲的病兔，可应用苦味健胃剂（如内服龙胆酊）或芳香性健胃药（如内服陈皮酊）。

（4）对于继发性胃炎，首先应确定病因，在上述防治原则的基础上，酌情使用抗生素和抗寄生虫药物。

第十节　兔毛球病

又称毛团病，是家兔吞食自身的被毛或同伴的被毛，造成胃肠道鼓气、肠炎、便秘等，甚至消化道阻塞的一种疾病。长毛兔发病率高于其他品种兔。

【病因】

1.日粮中缺乏钙、钠、铁等无机盐和维生素B、维生素A和维生素D，以及某些氨基酸如蛋氨酸和胱氨酸，引起家兔味觉失常，而发生吞食被毛癖。

2.饲料中精料成分比例过大、过细，起充填作用的粗纤维不足，家兔常出现饥饿感，因而乱啃被毛。

3.某些外寄生虫（蚤、虱、螨等）刺激发痒，家兔持续性啃咬患部，也有时拔掉被毛而吞入胃内。

4.兔笼窄小，家兔长期拥挤在一起，互相啃咬，舔食被毛。

5.不及时清理脱落后掉在饲料中、垫草中的被毛，使兔容易将散落的被毛随同饲料一起吞下而发病。

【主要临床症状】

1.病兔食欲缺乏或废绝，精神委顿，喜卧，好喝水，便秘，粪便中混有兔毛。

2.家兔吞食被毛后首先表现消化机能失常。

3.如果短时间摄入大量的被毛，可在胃内与胃内混合物中形成坚硬的毛球，阻塞幽门口，或进入小肠后造成肠梗阻，表现腹痛症状，引起大便不通，并可摸到胃内或小肠内的硬毛球。

4.最后多因自体中毒或胃肠破裂而死亡。

【主要剖检病变】

动物消瘦，腹部膨大，胃容积增大，肠管内空虚，在胃内或小肠内发现毛球。

【防治】

1.预防　在饲料配合时，精、粗饲料的比例要适当，并供给充足的蛋白质、无机盐和维生素。加喂适量的青饲料或优质干草，会加速胃内食物的移动，能有效地减少毛球病的发生。兔笼要宽敞，不要过于拥挤，及时清理脱落的被毛、粪便，可用酒精将笼舍内兔毛烧净，及时治疗外寄生虫病或皮肤病。对怀孕母兔在临产前多喂新鲜韭菜，可促使兔将较小毛球直接排出，并且有一定的预防作用。发现吃毛的兔要单笼饲养；自吃毛的兔除喂食外，在兔嘴上戴铁丝网使其只能饮水，不能吃毛。应及时拔毛或剪毛，防止毛自行脱落；剪毛或拔毛后，用湿毛巾将兔全身擦一遍，擦净浮毛。

2.治疗　经常检查兔粪，发现粪球中混有兔毛，应及时治疗，防止致病。为排除毛球，可内服植物油，如豆油、花生油或蓖麻油，以润滑肠道，便于排出毛球。如植物油泻剂无效时，应果断地施以外科手术治疗。

第十一节　兔肺炎

本病是肺实质的炎症，根据受侵范围可分为小叶性肺炎和大叶性肺炎。小叶性肺炎又可分为卡他性肺炎和化脓性肺炎。家兔以卡他性肺炎较为多发，而且多见于幼兔。

【病因】

1.家兔在受寒冷、尘埃、烟雾等刺激，或饲养管理不当、某些营养物质缺乏或者风吹雨淋、兔舍潮湿、长途运输、过度疲劳时，呼吸道抵抗力降低，病原微生物易乘虚而入。

2.常见的病原微生物有兔瘟病毒、肺炎双球菌、巴氏杆菌、玻氏杆菌、棒状化脓杆菌、霉形体等。误咽或灌药时不慎使药液误入气管，可引起异物性肺炎。

【主要临床症状】

1.病兔萎靡不振，食欲减退或废绝，体温升高到40℃以上。

2.结膜潮红或发绀，呼吸增快，有不同程度的呼吸困难，严重时伸颈或头向上仰。

3.打喷嚏、咳嗽，鼻腔有黏液性或脓性分泌物。

4.有泄泻表现。

5.肺泡呼吸音增强，可听到湿啰音。X线透视可在肺叶部见斑片状、絮状致密影。

6.若治疗不及时，经过3～4天可因窒息死亡。

【主要剖检病变】

急性死亡的病兔肺上有紫红色或黑红色肺炎病灶，病变部不含气体，病程长的可见有化脓性病灶。

兔患病毒性肺炎时，气管、支气管黏膜充血，气管内有红色泡沫，肺脏充血、出血，有绿豆大出血点。兔患兔巴氏杆菌病时，发生纤维素性肺炎和胸膜肺炎变化。兔患肺炎双球菌病时，肺脏充血和出血，管腔内存有粉红色黏液和纤维素性渗出物。兔患波氏杆菌病时，肺脏常有脓肿。兔患霉形体肺炎时，气管内有白色泡沫，肺的尖叶、心叶和中间叶有灰色或红色的肝变区。

【防治】

1.预防　本病的预防同支气管炎。防止发生感冒是预防肺炎的关键。

2.治疗

（1）护理　将病兔隔离在温暖、干燥与通风良好的环境中饲养，并给予营养丰富易消化饲料。充分保证饮水，注意防寒，冬季做好兔舍的防护工作，尽量减少免疫接种、气温突变、长途运输、兔舍密度过大等应激因素的刺激。加强清洁卫生和防鼠、灭鼠工作。引进的种兔应隔离观察1～2个月。注意及时预防注射兔瘟疫苗。

（2）抑菌消炎　应用抗生素和磺胺类药物。抗生素药物可选用：青霉素或链霉素，均为肌内注射，每天2次，两药联合应用效果更佳。环丙沙星注射液肌内注射，每天2次。应用磺胺类药物时，可参照感冒和支气管炎治疗中的磺胺类药物的用量和用法。

（3）对症治疗　病兔咳嗽、有痰液时，可祛痰止咳，方法同支气管炎；呼吸困难，分泌物阻塞支气管时，可应用氨茶碱；为增强心脏机能，改善血液循环，可采取补液强心措施，如静脉注射5%葡萄糖液，强尔心注射液，皮下或肌内注射；为制止渗出和促进炎性渗出物的吸收，可静脉注射10%葡萄糖酸钙注射液，每天1次。

第十二节　兔眼结膜炎

眼结膜炎是家兔受外界刺激或病原微生物感染而引起的眼睑结膜、眼球结膜的急、慢性炎症。

【病因】

1.机械性原因居多，比如沙尘、谷皮、草籽、被毛等异物落入家兔眼内。

2.眼睑内翻、外翻以及倒睫，眼部外伤，寄生虫寄生等都能引起该病。

3.一些诸如烟、氨气、石灰等的刺激或化学消毒剂及变质的眼药水对家兔眼部的刺激以及强日光直射、紫外线直射、高温作用都能引发眼结膜炎。

4.也可能有细菌感染或传染病、内科病继发于眼部的炎症引起眼结膜炎。

【主要临床症状】

1.黏液性结膜炎　症状较轻，为结膜表层的炎症。

（1）初期结膜轻度潮红、肿胀，随着病程加重，分泌黏液量增加，眼睑闭合（图8-3）。

（2）下眼睑以及两颊皮肤由于泪水及分泌物的刺激发炎，绒毛脱落。

2.化脓性结膜炎　一般为细菌性感染导致。

（1）病症剧烈，肿胀明显，疼痛剧烈，睑裂变小。

（2）从眼内流出或在结膜囊内积聚大量黄白色脓性分泌物。

（3）脓汁黏稠，上下眼睑充血、肿胀，常黏在一起（图8-3）。

（4）炎症常侵害角膜，引起角膜混浊、溃疡。

（5）严重的穿孔继发全眼球炎，造成家兔失明（图8-4）。

图8-3　结膜潮红、肿胀　　　图8-4　结膜炎继发全眼球炎，失明

【防治】

1.预防

（1）保持兔笼、兔舍清洁卫生，防止沙尘等异物落入家兔眼内造成眼部外伤。

（2）夏季避免强日光直射。

（3）使用化学消毒剂时注意消毒剂的浓度及消毒时间，加强卫生清理和消毒措施等日常管理工作可大大降低发病率。

（4）经常饲喂富含维生素A的饲料。

2.治疗

（1）发生此病，可用刺激性小的微温药液，如2%～3%硼酸、生理盐水等清洗患眼。清洗水流要慢，也可用棉棒蘸药来回涂擦，避免损伤结膜和角膜。

（2）采用抗菌消炎药滴眼或涂敷，可选用0.6%黄连素眼药水、0.5%金霉素眼药水、0.5%土霉素眼膏、四环素可的松眼膏等。

（3）当患此病剧烈疼痛时，可采用1%～3%普鲁卡因青霉素滴眼。

（4）当患此病分泌物多时，可选用0.25%硫酸锌眼药水滴眼。

（5）当患此病角膜混浊者，涂敷1%黄氧化汞眼膏。

第十三节　兔直肠脱及脱肛

直肠后段全层脱出于肛门外，称为直肠脱；若仅为直肠后段黏膜脱出肛门外，称为脱肛。

【病因】

1.慢性便秘、长期腹泻、直肠炎症以及腹内压增高和过度努责是引发本病的主要原因。

2.营养不良、年老体弱、长期慢性消耗性疾病及某些维生素缺乏也可能是该病发生的原因。

3.怀孕后期的母兔，子宫对直肠造成压迫；饲料中的粗纤维含量太低或混入异物，引起肠胃异常蠕动；兔便秘、腹泻、阴道炎、尿道炎等疾病也是该病的诱因。

【主要临床症状】

1.发病初期，可见排便后少量直肠黏膜外翻，呈粉红色或鲜红色，部分病例可自行恢复。

2.脱出部分如不能自行恢复，可引起水肿、有暗红色或青紫色淤血，最后黏膜坏死、结痂。

3.严重者排便困难，体温升高，食欲下降，救治不及时可能导致家兔死亡。

【防治】

1.预防　加强饲养管理，保持兔舍清洁干燥，适当增加光照和运动。加强巡查，早发现早治疗。病兔停喂饲料，可少量饮水。

2.治疗

（1）如由疾病（如慢性便秘、长期腹泻、直肠炎症、阴道炎、尿道炎等）引起本病发生的，应及时治疗，消除病因。

（2）对患病较轻者，用0.5%高锰酸钾溶液、0.1%新洁尔灭溶液、1%聚维酮碘或3%明矾清洗消毒后，提起四肢，将脱出部位缓慢送回复位。

（3）对于病症较重者，脱出时间长，水肿严重，在用消毒液清洗消毒后，小心剪除坏死组织，轻轻修复。

（4）修复困难时，用注射针头刺破水肿部位，用浸有高渗溶液的温纱布包裹，稍用力挤出水肿液后，再进行修复。

（5）若脱出部坏死糜烂严重，无法整复时需进行截除。术后肛周做荷包缝合，以松紧合适、不影响排便为宜。

（6）复位后，肛周涂抹红霉素软膏等抗菌消炎药物。

（7）为防止因剧烈努责而复发，在肛门上方注射1%盐酸普鲁卡因溶液。

第十四节 兔 冻 伤

冻伤是由寒冷造成的机体组织的浅层和深层损伤，主要发生在冬季。

【病因】

1.外界气候变化，严寒使兔笼保温性差、湿度大，容易造成冻伤。

2.品种耐寒能力差，或饥饿、机体衰竭、活动能力低下、幼仔兔适应性差等是发生冻伤的诱因。

3.冻伤常发生在机体末梢、被毛少以及皮肤薄嫩处。

【主要临床症状】

1.一度冻伤，局部肿胀、发红、疼痛。

2.二度冻伤，局部出现透明的水疱，疼痛，水疱破溃后形成溃疡，愈后留有瘢痕。

3.三度冻伤，局部组织坏死、干枯、皱缩，之后分离脱落。

4.严重时可发生冻伤致死。

【防治】

1.预防 加强饲养管理，注意兔笼兔舍保温。在北方地区，宜选养耐寒品种的家兔。

2.治疗

（1）发生该病时，将病兔转移到温暖处，对受冻部位从低温开始，缓慢加温。

（2）病症较轻者，可在局部涂油脂（如猪油）、冻伤膏、1%碘溶液、碘甘油或3%樟脑软膏等促进肿胀消散。出现水疱时，要保持皮肤清洁，预防或消除感染。

（3）对待三度冻伤时，要防止发生湿性坏疽，及时切除坏死组织。

（4）早期治疗可局部涂抹3%甲紫溶液、抗生素软膏或水杨酸氧化锌软膏等外用药，促进局部组织恢复，并及时补充维生素。

第十五节 兔骨折

兔的骨折多见于长骨，特别是肱骨和胫骨折裂、碎裂，同时伴有周围组织不同程度的损伤。

【病因】

1.兔笼底板粗糙、不整，有缝隙，肢体陷入后家兔恐慌、挣扎造成骨折。

2.幼兔足、肢可陷入笼底孔眼内而扭断。

3.运输中剧烈跌撞能够造成骨折。

4.兔患软骨病时更易发生骨折。

【主要临床症状】

1.胫骨、腓骨最易发生骨折，患肢拖曳不能负重。

2.骨折部被动运动时，有骨摩擦音，家兔疼痛、挣扎、尖叫，几小时后肿胀明显。

3.有的骨端能够刺破皮肤，形成开放性骨折。

【防治】

1.预防　经常检查兔笼，笼底板每片宽度以2～2.5厘米为宜，各片间隙应在1～1.1厘米，能漏掉粪粒即可。在日常饲养管理中应减少应激因素，避免家兔受到惊吓。

2.治疗

（1）对非开放性骨折，先复位，用纱布或棉花衬垫于骨折部上下关节处，再放上小木条，用绷带包扎固定，一个月左右拆除。

（2）对于开放性骨折，发现后及时彻底清创消毒，去除异物，复位后覆盖无菌纱布，再按非开放性骨折固定患肢。

（3）必要时，通过X光、CT等辅助手段进行手术复位，注意创面消毒及换药，可注射抗生素防止继发感染。

（4）患处可用活血化瘀药物涂抹，同时在饲料中补充维生素A、维生素C、维生素D、钙质及蛋白质，促进骨骼恢复。

第十六节　兔中耳炎

中耳炎指鼓室以及耳管的炎症。

【病因】

1.外耳道炎症、感冒、鼓膜穿孔、传染性鼻炎或化脓性结膜炎等均可引起中耳炎。

2.多杀性巴氏杆菌是中耳炎发生的主要细菌致病因素之一。

3.寄生虫所致外伤也可引发中耳炎。

【主要临床症状】

1.单侧性中耳炎时，病兔头颈侧向患侧，有时病兔出现回转、滚轮运动，又称"斜颈病"。患两侧性中耳炎时，病兔低头伸颈。

2.听觉迟钝，体温升高，萎靡不振，食欲下降。

3.耳道内有炎症反应，鼓室内壁充血变红，部分病例有脓性渗出物流出。

4.若感染向内扩散至脑，可引起化脓性脑膜炎。

【防治】

1.预防

（1）加强饲养管理，做好消毒和灭虫工作，建立无多杀性巴氏杆菌病的兔群。对于重症顽固难治的病兔，应予淘汰。

（2）及时治疗兔的外耳道炎症、流感、鼻炎、结膜炎等疾病，降低继发中耳炎的概率。

2.治疗　如有外伤或脓性病灶，应采用消毒液（如3%过氧化氢溶液、2%硼酸等）及时清洁创面，清创完成后滴入抗生素（如青霉素、链霉素滴耳液等），同时可注射抗生素，避免继发感染。

第十七节　兔湿性皮炎

本病为家兔皮肤的慢性炎症，一般成散发性流行。常发生在下颌、颈下部皮肤褶皱、肛周皮肤等容易潮湿的部位。通常是由于皮肤长期潮湿，继发细菌感染所致。该病又称为垂涎病、湿肉垂病等。在临床诊断中应注意与兔脱毛癣、兔螨虫病、营养性脱毛相区别。

【病因】

1. 给水方法不当　用瓦罐、水槽、盘盆等平面大的饮水器具给水，容易将动物被毛打湿。

2. 牙齿或口腔疾病　牙齿咬合不正以及口炎疾病等引起的多涎。

3. 饲养管理不善　动物肥胖、垫草和笼具潮湿，且长期不更换。

4. 尿路和腹泻疾病　动物肛门及后肢皮肤容易被尿或粪便污染打湿。

【主要临床症状】

1. 局部皮肤出现炎症反应，伴随出现皮肤脱毛、糜烂、溃疡或坏死等。

2. 常继发绿脓杆菌感染，分泌的绿色脓汁可将被毛染色，故而被称为"绿毛病"或"蓝毛病"。

3. 若继发坏死杆菌感染，则会出现严重的组织感染性损伤，感染可通过淋巴系统及血液循环向全身扩散。

4. 组织学检查可见病变部位存在不规则的小面积溃疡、凝固性组织坏死和脓肿，真皮层内有细菌聚集和炎性细胞浸润。

5. 在温暖环境中，患病部位皮肤有瘙痒感（瘙痒程度不如兔螨虫病剧烈），轻扯患部周边被毛可能出现脱落（脱毛程度不如患兔疥癣时严重）。

【防治】

1. 预防

（1）及时治疗口腔以及牙齿疾病，如剪除错位咬合的牙齿。

（2）改善饲养条件，改用饮水瓶或自动饮水阀给水；勤换垫草和清洁笼具，保持环境干燥舒适。

2. 治疗

（1）治疗时，先剃剪患部被毛，用0.1%新洁尔灭清洁皮肤，然后局部涂抗生素软膏；或者用3%过氧化氢溶液清洗消毒皮肤后，局部涂抹碘酊。

（2）感染严重时，可全身使用抗生素。使用抗生素时应注意合理用药、给药周期充足，避免细菌产生耐药性。

第十八节　兔创伤性脊柱骨折

家兔的创伤性脊柱骨折又称为断背，多由于外力或突然剧烈蹬腿导致的椎骨移位或脱臼，使脊髓神经受到机械性损伤并出现瘫痪的一种外科疾病。

【病因】

1.捕捉兔子方法不当　抓兔时仅用手抓持耳或耳颈部，未固定后躯而使其悬空，当兔剧烈挣扎时，后躯急剧摆动可导致第七腰椎或第七腰椎后侧关节发生脱位，造成脊柱骨折。多见于缺乏光照（维生素D_3缺乏）或营养不良（钙缺乏）的舍饲兔只。

2.保定方法不正确　在喂药或注射时，抓按兔子腰部，当动物剧烈挣扎时可能导致脊柱损伤。

3.兔笼设施不合理　兔子后肢陷落到笼底板下被夹住，动物挣扎时引起腰椎牵拉伤或骨折。

【主要临床症状】

1.脊髓损伤可造成兔子后躯麻痹和瘫痪，病兔以前肢支撑躯体，后肢拖行。

2.动物的后肢皮肤感觉丧失，同时因肛门括约肌和膀胱功能失常出现排泄障碍，表现为肛门周围粪便蓄积，膀胱膨大积尿，提起病兔时发生尿失禁。

3.若治疗延误，则臀部皮肤可形成褥疮并继发溃疡。病初，大部分受伤家兔能够自主吃食，但采食逐渐变得困难，最后常由于膀胱积尿出现尿毒症，导致病兔食欲废绝，出现腹泻和病亡。

4.对于脊髓机能轻度损伤的病兔，其膀胱和肛门括约肌功能未完全丧失，运动机能可能在半个月左右恢复。

【防治】

本病目前的治疗效果不佳，因此必须注重家兔管理中的抓捕操作技术，采取得当的预防措施，减少本病的发生。

如果病兔保有自主排尿和排便功能，可考虑笼养（限制活动）和抗炎症治疗，治疗周期从几周到几个月不等。对于生活质量不佳的病兔，考虑淘汰或安乐死。

第十九节　兔腹壁疝

家兔腹壁疝主要为外伤导致的（偶见于幼兔脐带孔闭合不良），由于外力作用或腹压加大，导致腹壁肌肉撕裂或腹腔内组织器官经裂孔（或脐孔）脱出至皮下形成疝。

【病因】

1.外力作用　兔子从高处摔落或相互斗架导致腹壁肌肉撕裂；换毛期拔毛手法不当，导致腹壁肌肉撕裂。

2.腹内压力过大　母兔妊娠阶段或亢进性胃肠道疾病，导致腹壁肌肉紧张性撕裂或腹腔组织器官从未闭合的脐孔中脱出。

【主要临床症状】

1.病兔腹壁上形成局限性的圆形或椭圆形柔软肿胀，从乒乓球至鸡蛋大小不等，可触及疝孔。炎症发展至疼痛期时，肿胀部出现红肿和发热。随着病程和腹压变化，疝孔和疝囊可能进一步扩大。脱出的内容物可能为肠管、子宫、膀胱或脂肪等组织。

2.病程短的病兔，疝内容物经挤压可缩回腹腔。若脱出物为膀胱，则兔子排尿或挤压疝囊时，随尿液排出肿胀会暂时消退。

3.病程长的病兔，疝环或疝孔可能与脱出物发生粘连，则脱出物很难复位。若疝孔发生钳闭，则肿胀可变得坚实，导致组织出现炎症或坏死，病兔疼痛反应明显或死亡。

【防治】

1.预防　加强家兔日常管理，积极预防本病发生。

2.治疗

（1）本病治疗主要通过手术对病兔疝孔进行修补。手术前禁食约10个小时。麻醉前肌内注射硫酸阿托品，待麻醉稳定后将病兔仰卧保定，对术部进行剃毛并对皮肤彻底消毒，充分隔离后，切开皮肤并分离疝囊，将内容物送回腹腔，用真丝缝线闭合疝孔、缝合腹壁肌层和皮肤切口，术后创口涂布抗菌药物软膏或碘伏。术后将病兔单独笼养，限制活动和控制饮食，每日清洁创口。

（2）若局部组织炎症反应严重，有继发感染风险时，可肌内注射抗菌药物，连用3日。

第二十节　兔溃疡性脚皮炎

兔溃疡性脚皮炎指的是发生在跖部底面或掌部、趾部侧面和跗部的损伤性、溃疡性皮炎，以后肢脚跟部最常见。

【病因】

1.家兔因长期饲养在狭小的兔笼内，体重不断增长，兔脚容易被不符合标准（高低不平）的粗糙铁丝制笼底损伤。

2.兔子容易应激，过度兴奋或神经过敏、频繁蹬踏等均易导致物理性损伤。

3.舍内环境湿热，通风不良（病原菌和寄生虫大量繁殖），且因粪尿等污染物长期浸渍脚部，导致兔脚继发感染。

【主要临床症状】

1.病初病兔频繁蹬踏，出现类似于异常兴奋的表现。严重发病的家兔出现厌食，行走困难，有拱背和走高跷样步态，四肢频繁交换以支撑体重，常见于体重较大的兔子。

2.组织学检查可在跖部底面和趾部侧面的皮肤上发现大小不等的局部性白色溃疡灶，表面覆盖干燥痂皮，有时发生继发性感染而出现痂皮下化脓，呈干酪样，严重时可形成蜂窝组织炎（图8-5）。

图8-5　脚皮炎

【防治】

1.预防

（1）改进兔笼设计。兔笼应宽敞舒适，笼底应平整，给予柔软垫草，可在铁丝笼底板上垫铺竹底板。

（2）定时进行兔舍和笼具消毒。加强饲养管理，降低饲养密度，消除高温高湿环境，注意通风，笼舍应保持清洁干燥。

2.治疗

（1）隔离病兔，将病兔转移至有平板的兔笼内，患部用3%的过氧化氢溶液冲洗后，除去坏死组织，然后涂擦红霉素软膏。

（2）溃疡开始愈合时，可涂擦5%甲紫溶液；如形成脓肿，可采用外科常规法排脓，并用抗生素进行全身治疗。

（3）对于常发脚皮炎的家兔，不应选做种用。

第二十一节　母兔不孕症

母兔不孕症指的是母兔因各种因素不适合配种、配种失败或经配种后未出现受孕（妊娠）的一种产科疾病。

【病因】

母兔不孕症在临床上较为常见，其病因包括营养不良、管理不善、生育功能下降、生殖器官疾病等。

1.营养不良　包括营养过剩和营养不足两个方面。母兔过度肥胖，可导致子宫体被脂肪包围，排卵受阻；若母兔消瘦（如维生素缺乏），则可能出现脑垂体前叶素分泌不足，导致卵泡发育障碍。

2.管理不善　配种时间选择不当，导致配种不成功（如错过最佳配种时间）；饲料营养价值低，兔子性机能下降导致不孕；公兔精液质量差，精子活力低；兔舍简陋潮湿，防暑保暖效果差，舍内光线不足或太强，致使母兔不发情或异常发情。

3.生育功能下降　母兔年龄过大，生育能力下降；繁育多胎，繁殖性能不足，达到淘汰标准。

4.生殖器官疾病　先天性生殖器官畸形和后天性生殖器官损伤导致无法配种。

5.其他因素　某些可导致不孕或流产的传染性疾病，如弓形虫、布鲁氏菌等，以及遗传因素导致的先天性不孕症。

【主要临床症状】

患病母兔主要表现为：体质消瘦，被毛暗淡无光或脱落，乳房及阴户收缩，食欲减退，萎靡不振，在仔兔断奶后数月未见发情。

【防治】

1.预防

（1）加强营养，提供优质全价配方饲料，适当提高饲粮中维生素A和维生素E的水平，增加母兔运动量，保证空怀期母兔和后备母兔维持适配体型。

（2）改善兔舍条件，兔笼通风干燥。保证舍内充足的光照时间（10～12小时/天），短日照期可补充人工光照。

（3）密切注意母兔的发情状况和表现，把握好配种时机和配种规律，做好配种和繁殖的记录。可将母兔在靠近公兔区域进行分隔笼养，接受公兔气味的刺激。

（4）引进优良种兔，建立优良种兔系谱。淘汰不适合繁殖的种兔，预防传染性疾病。

2.治疗

（1）药物催情　肌内注射己烯雌酚，隔3天1次，注射5次。

（2）用中草药催情排卵　巴戟天、肉苁蓉、党参、补骨脂、当归、附子、甘草，用水煎成20%的浓溶液，加糖适量内服，每天3次。

第二十二节　兔阴道炎

阴道炎是家兔阴道黏膜损伤和感染而引起的炎性疾病。

【病因】

1.母兔在配种或分娩时，易造成阴道损伤和继发感染。

2.兔舍卫生条件差，兔笼内尖锐物刺伤，被链球菌、葡萄球菌感染所致。在幼兔进行雌雄检查时，如果检查者手不清洁，也可引起阴道感染。

3.子宫内膜炎、子宫和阴道脱出也可继发本病。

【主要临床症状】

1.母兔外阴部、阴道黏膜炎症，充血、红肿、疼痛、瘙痒，阴道外翻，拒绝配种。

2.阴道内流出多量白色黏液或脓汁，有时混有少量血液，有恶臭味，常黏附于尾根部被毛而成为干痂，排粪时病兔呻吟、拱背。子宫内积有脓性渗出物或血样暗红色液体，子宫内膜出血，并有坏死或增厚的病灶。部分病兔子宫内

有黏稠的干酪样脓肿。

3.严重病例可见精神沉郁、食欲减退、体温升高等全身症状，常不孕。

【防治】

1.防治 加强兔舍的清洁卫生工作，定期消毒，防止过早配种或强制配种。

2.治疗

（1）全身症状明显的家兔，使用喹诺酮、抗生素等药物进行治疗。

（2）用0.1%高锰酸钾或0.5%新洁尔灭溶液冲洗外阴和阴道，同时用输精管注入青霉素和链霉素，每天1～2次。

第二十三节　兔宫外孕

【病因】

兔宫外孕有原发性和继发性两种，继发性多见。输卵管破裂或难产等原因引起子宫破裂，均可造成宫外孕。

【主要临床症状】

1.病兔一般精神及食欲无明显变化，但母兔拒配而不孕。

2.腹围较大，手触摸时可摸到腹腔内有肿块，子宫发育正常，子宫壁未见异常。偶尔可引起内出血。

3.剖宫产或剖检时可见胎儿附着于胃小弯部的浆膜上、盆腔部或腹壁，胎儿大小不一，有成形的，有未成形的，胎儿外部常有一层较薄的膜或脂肪包裹着。

【防治】

防止母兔腹部受到撞击，妊娠检查摸胎儿时动作要轻柔。确诊本病后，母兔应淘汰。

第二十四节　兔 流 产

【病因】

营养缺乏、饲料品质太差，或兔患有严重的梅毒病、恶性阴道炎、子宫炎等生殖器官疾病，或用药不当、近亲繁殖、摸胎粗鲁，或过度惊吓、打架撕咬、年龄过大、孕兔外伤、孕期采毛、孕后误配等原因都会引起流产。

【主要临床症状】

1.配种后10天左右，母兔有怀孕症状，但不久又出现发情和接受交配。

2.孕期未到便出现分娩征兆，拔毛、做窝。

3.母兔不安、精神不振、食欲减退，有努责、外阴部流出带血液体，有的出现衔草、拉毛，并产出没有成形的胎儿。

【防治】

1.预防　加强饲养管理，兔场保持安静，捕捉、摸胎要轻柔，慎喂有毒饲料，不喂冰冻饲料和饮水，喂给繁殖母兔全价饲料，防止近亲交配或交配过早，呈习惯性流产的母兔应及早淘汰。对已经发生流产的母兔应加强护理，喂服抗菌消炎药物，以防产道感染发炎。

2.治疗　黄体酮，肌内注射，隔天1次；或0.1%硫酸阿托品，皮下注射，每天1次。不能保胎时，应加快胎儿排出，先皮下注射己烯雌酚，10～20分钟后，肌内注射垂体后叶素。

第二十五节　兔子宫出血

【病因】

兔子宫出血是由于绒毛膜或子宫壁的血管破裂所引起。常见于孕兔腹部直接受暴力作用，以及胎儿生长过大、分娩时间过长、子宫肿瘤等均可引发子宫出血。

【主要临床症状】

出血少时，症状不明显，当出血量大时，除出现腹痛不安、频频起卧等流产预兆外，阴道流出褐色血块，严重时黏膜苍白，肌肉颤抖，甚至死亡。

【防治】

1.预防　防止孕兔腹部受到暴力袭击，发现子宫出血后令孕兔安静休息，同时腰部冷敷。

2.治疗

（1）皮下注射0.1%肾上腺素。

（2）病兔兴奋不安时，可以给予镇静剂；出血不宜制止时，应及时进行人工流产，流产后注射垂体后叶素、马来酸麦角新碱注射液，以促进子宫收缩、制止出血。

第二十六节　兔　难　产

【病因】

夏季繁殖时不注意防暑，分娩能力减弱；怀孕母兔不限喂精料，摄取过多能量而导致肥胖，造成盆腔脂肪过多，形成产道狭窄；杂交组合不当，造成胎儿过大；幼龄母兔早配，产力不足等。

【主要临床症状】

孕兔已到产期，撕毛做窝，有子宫阵缩努责等分娩预兆，但不能顺利产出仔兔，或产出部分仔兔后仍起卧不安，鸣叫，频频排尿，腹围不见变小，腹后部可触及胎儿，有时可见胎儿部分肢体露于阴门外。

【防治】

应根据难产的原因和性质，采取相应预防措施。对出现阵缩的母兔，人工助产；对产力不足者，可应用垂体后叶素或催产素，或凤仙花籽碾末、温水灌服，配合腹部按摩助产。

第二十七节　兔阴道脱出

兔阴道脱出是指兔阴道壁一部分形成皱襞，突出于阴门外或整个阴道翻转脱垂于阴门外。产前、产后均可发生，尤以产后多发。

【病因】

1.固定阴道的组织松弛及阴道壁本身松弛。

2.腹内压增高以及过度努责。

3.饲养管理不当、兔体质瘦弱、运动不足、剧烈腹泻等也可成为本病的诱因。

【主要临床症状】

1.阴道部分脱出时，脱出的部分较小，呈球形，站立时腹压小可自行缩回。

2.阴道全部脱出时，呈红色、球柱状脱出于阴门外，不能缩回。久不回缩者，脱出的阴道壁黏膜呈紫色，随后因黏膜下层水肿而呈苍白色，阴道壁变硬。

3.阴道脱出部分因受地面摩擦和粪土感染，发生破裂、发炎、坏死等，严重时，可继发全身感染，甚至死亡。

【治疗】

1.用3%温明矾溶液或0.1%高锰酸钾溶液清洗病兔阴道壁上的被毛、褥草、粪便等污物。如脱出时间长、水肿者，用5%～10%浓盐水清洗，使其脱水。在阴道壁上撒布少许青霉素粉和链霉素粉。整复方法是助手提起兔两后肢，术者一手轻轻托起阴道壁，另一手细心地将阴道壁从四周推入腹腔，再提起后肢左右摇摆几次，并拍击患兔臀部，促使阴道复位。

2.青霉素、链霉素，肌内注射，每天2次，连用2天。

3.磺胺二甲嘧啶内服，每天2次，连服2天。

4.中草药可用补中益气汤、枳壳益母散，水煎服，每天1剂，连服3剂。

第二十八节　兔子宫脱出

兔子宫脱出是指兔子宫的部分或全部脱出于阴道外。根据脱出程度可分为子宫套叠及完全脱出两种。通常发生在产后数小时内。

【病因】

产后数小时内，子宫尚未完全收缩，子宫颈口仍然开张，子宫体、子宫角容易翻转脱出。难产时助产不当也可造成本病。

【主要临床症状】

母兔分娩后很短时间内子宫内翻，从阴道脱出，形似两条肠管，黏膜呈紫红色。时间略长后，黏膜水肿、变厚，极易破裂、出血，引起死亡。

子宫套叠时表现不安，常弓背、举尾、频频努责，做排尿姿势，脱出的子宫有时可将卵巢或子宫系膜扯断，造成内出血。子宫全部脱出时，肌肉震颤，两前肢趴地，呈不规则的长圆形物体垂突于阴门外，有时可达跗关节。

【治疗】

1.用3%温明矾溶液或0.1%高锰酸钾溶液清洗子宫黏膜上的被毛、褥草、粪便等污物。如脱出时间长、水肿者，用5%～10%浓盐水清洗，使其脱水。在子宫黏膜上撒布少许青霉素粉和链霉素粉。整复方法是助手提起兔两后肢，术者一手轻轻托起子宫角，另一手细心地将子宫从四周推入腹腔，再提起后肢左右摇摆几次，并拍击患兔臀部，促使子宫复位。

2.青霉素、链霉素，肌内注射，每天2次，连用2天。

3.磺胺二甲嘧啶，内服，每天2次，连服2天。

第二十九节　兔子宫内膜炎

【病因】

通常是在配种时生殖器官直接接触或难产损伤子宫时而发生的感染，也可继发于其他疾病，引起子宫化脓性炎症。

【主要临床症状】

急性者，多发生于产后及流产后，全身症状明显，时常努责，有时随同努责从阴道排出较臭、污秽不洁的红褐色黏液或黏液脓性分泌物。慢性者，多由急性子宫内膜炎转化而来，全身症状不明显，周期性地从阴道排出少量混浊的黏液，不发情或者使发情也屡配不孕。

【主要剖检病变】

阴道流出黏液或黏液脓性分泌物，子宫内积有脓性渗出物或血样暗红色液体，有时子宫内还有死亡或已被吸收的胎儿组织或灰白色凝乳块状物，子宫内膜出血，并有坏死或增厚的病灶。部分病兔可见子宫内黏稠的干酪样脓肿。

【防治】

1.预防　重点是做好兔笼、兔舍的清洁卫生。定期消毒兔舍、笼具以及各种用具。发现病兔及时隔离治疗，以防交配时相互传播。

2.治疗　加强子宫内渗出物的排出，消炎抗菌。可用0.1%高锰酸钾溶液、

2%碳酸氢钠溶液、0.1%新洁尔灭冲洗阴道和子宫，冲洗之后涂抹碘甘油、青霉素、链霉素等抗菌消炎药物，同时施以全身治疗。

第三十节　兔产后瘫痪

【病因】

兔产后瘫痪的原因是多方面的，产前光照不足、运动不够、兔舍阴冷潮湿，饲料营养不平衡，尤其是钙、磷缺乏或比例不当，受惊吓，产仔窝次过密、哺乳仔兔过多等均会引起产后瘫痪。饲料中毒、难产时助产不当，以及球虫病、子宫炎、肾炎等，也会引起产后瘫痪。

【主要临床症状】

病兔轻者少食，重者不食，精神萎靡、消瘦。排粪减少或不通，泌乳量减少甚至停止。发病初期后肢发生跛行，行走困难，严重时后肢麻痹，不能站立，行走靠前肢拖动后肢，有时伴有子宫脱出。

【防治】

1.预防　加强饲养管理，合理营养搭配，供给钙、磷比例适宜和维生素D充足的日粮，同时注意使母兔适当运动，保持兔舍干燥、通风，增加光照，定期消毒；预防肠道疾病的发生，增强母兔对钙的吸收利用率。

2.治疗　治疗时，用10%葡萄糖酸钙、5%葡萄糖，混合1次静脉注射，每天1次。口服复合维生素B片，每天1次，连服4天，以恢复和促进病兔神经机能。口服硫酸钙或硫酸钠，排出直肠积粪。当归、川芎、鸡血藤煎水灌服，每天1次，连服5天。

第三十一节　兔吞食仔兔癖

【病因】

本病病因比较复杂，饲料中钙、磷、某些蛋白质、B族维生素等不足均可引发吞食仔兔现象。平时饮水不足，母兔产仔后口渴又无水可饮时，可发生吞食仔兔的行为并养成恶癖。分娩时受惊扰，产仔箱或仔兔有异味，死兔未及时

取出，均可诱发母兔吞食仔兔。

【主要临床症状】

母兔主要表现吞食刚生下或产后数天的仔兔，可将仔兔全部吃光，或吃一部分，有时将仔兔的耳、脚咬去。

【防治】

产前加强对母兔的饲养管理，给足饮水，产后让母兔能立即喝到温淡盐水。饲喂全价配合饲料，增喂富含蛋白质、矿物质、维生素、青绿多汁的饲料。分娩前3天，把产箱洗净、消毒，放在阳光下晒干，并铺上干净的垫草放到兔舍，不要随意触摸仔兔。母兔分娩时，保持安静，避免将异味带入窝内，及时取出死亡仔兔。对有吞食仔兔恶癖者，产后立即将母兔与仔兔分开，定时监视哺乳。

第三十二节　兔缺乳和无乳

【病因】

1.主要由母兔在妊娠期和哺乳期饲喂不当或饲料营养不全造成。

2.母兔患有某些寄生虫病、热性传染病、乳房疾病、内分泌失调以及其他慢性消耗性疾病。

3.过早交配、母兔乳腺发育不全，乳腺疾病或年龄过大、乳腺萎缩也可造成缺乳或无乳。

【主要临床症状】

1.仔兔吃奶次数增多，但吃不饱，逐渐消瘦，发育不良。

2.母兔不愿哺乳，乳房和乳头松弛、柔软或萎缩变小，乳腺不发达，用手挤时乳汁很少或不出乳汁。

【防治】

1.预防

（1）改善饲养管理条件，喂给母兔全价饲料，增加精料和青绿多汁饲料。

（2）防止早配，淘汰过老母兔，选育饲养母性好、泌乳足的品种。

2.治疗

（1）用垂体后叶素，皮下或肌内注射。

（2）王不留行、天花粉、漏芦、僵蚕、猪蹄水煮后分数次调拌在饲料中投喂。加喂煮熟的黄豆，每天1次。

（3）对于初次哺乳母兔也可将王不留行、通草、穿山甲、白术、白芍、山楂、陈皮、党参研末，分数次调在饲料中。

第三十三节　新生仔兔死亡症

【病因】

主要是初产母兔神经过敏，烦躁不安，或外界环境刺激使母兔拒绝哺乳，造成部分或整窝仔兔因饥饿而死亡；母兔患有乳房炎、子宫炎、肺炎等全身性疾病，分泌的乳汁不足而不能哺乳；仔兔因兔舍环境温度低受冷而死亡；还有因垫草过长缠住仔兔的颈部或者被母兔挤压而死。

【主要临床症状】

饥饿的仔兔吵闹不安、头向上寻找母乳、腹部下陷、皮色变暗，后期行动无力、被毛倒竖、表现呆滞，最后死亡；剖检尸体消瘦、脱水，胃内空虚或仅有少量乳块，肠道空虚。因受冷而死的仔兔，胃内有乳块存在，尸体不脱水，肺脏充血。

【防治】

1.预防

（1）加强对孕期和哺乳期母兔的饲养管理，提高日粮质量，及时治疗母兔乳房炎、子宫炎等疾病。

（2）选养母性好的母兔，对于拒绝哺乳母兔所产的仔兔，立即进行人工辅助哺乳，每天1次，并使母兔逐渐适应自行哺乳。

2.治疗　注意兔舍、窝箱的保温。对受冻濒死的仔兔应立即进行抢救。将仔兔全身浸泡在30～37℃的温水中，露出口鼻呼吸，待其蠕动、发出叫声后取出，用干毛巾轻轻擦干后迅速放回窝箱。

第三十四节　仔兔黄尿病

黄尿病是仔兔黏液性肠炎的俗称，是由于母兔产后5～20天，常因产前饲养管理不当或产后乳房感染导致乳房发炎，仔兔吮食患有乳房炎的母兔的乳汁后引起肠道感染，使仔兔排出物稀如水，颜色较黄似尿液，所以形象地称之为黄尿病。在母兔频密繁殖、卫生条件不好、饲养管理水平差时发病严重，母兔乳房炎易发兔场发病严重。母兔头胎仔兔发病较轻较少。

【病因】

主要是由母兔产前饲养管理不当、母兔患有乳房炎，或圈舍环境卫生条件差，母兔产后感染导致乳房发炎，仔兔吮食被病菌感染的乳汁或被污染的产仔窝、垫料传染给仔兔而引起的。

【主要临床症状】

多发于出生后5～20天的仔兔，病初仔兔排出黄色稀尿样粪便，肛门周围和后肢粘有粪便，并有腥臭味，仔兔精神不振、下腹部呈青紫色，全身发软，毛色发黄，极度消瘦，如不及时发现和治疗，仔兔会很快死亡（图8-6）。

图8-6　排黄尿、仔兔身上黄染

【主要剖检病变】

病死仔兔胃内充满凝结的乳汁，味道酸臭，胃黏膜弥漫性出血；肠黏膜充血、出血，肠管充满黏液，膀胱扩张，内含大量黄色液体。

【防治】

1.预防

（1）保持兔笼、运动场的清洁卫生，清除尖锐的物体（如铁钉、碎木屑等），以免引起创伤。避免拥挤，将喜欢咬斗的仔兔隔离饲养。

（2）哺乳母兔笼内要铺柔软、干燥、清洁的垫草，以免擦伤新生仔猪。要仔细观察母兔的乳汁是否充足，如果乳汁过少，乳头就容易被仔兔咬伤，葡萄球菌会乘机侵入。当乳汁不足时，可适当增加优质饲料和多汁饲料，或将部分仔兔让其他母兔代哺。如果乳汁过多，而母兔又不能充分吸收多余的乳汁，则乳房会膨胀，乳头管会扩大，葡萄球菌也会侵入。

2.治疗

（1）做好日常观察，对精神和采食异常的哺乳母兔和仔兔，进行仔细排查。对发病母兔和仔兔尽早治疗，停止患病母兔的哺乳，为仔兔寻找"保姆兔"，对母兔和仔兔同时治疗。

①母兔的治疗　查找病因，消除致病因素。用0.1%高锰酸钾溶液清洗乳头。发病初期，先对乳房进行冷敷，次日改为热敷，每次20分钟，每天3次。对发病严重，用青霉素与普鲁卡因注射液混合后，在患部周围分成4～6点进行皮下封闭注射。对乳房化脓严重的，需手术排脓，用0.1%高锰酸钾溶液清创，撒上消炎粉，用纱布包扎。肌内注射青霉素钠加鱼腥草注射液，每天2次，连用3天。

②仔兔的治疗　全窝喂服庆大-小诺霉素注射液，1天1次，连喂3天。对脱水严重的病兔补喂葡萄糖生理盐水，每天3次补充液体，一般经2～3天即可痊愈。

（2）中药治疗处方：蒲公英、仙鹤草、地榆、赤芍、黄连、黄芩、白头翁、五倍子、白术、茯苓、漏芦、栝楼根、王不留行、甘草。三次水煎液浓缩后喂服：母兔每天服2～3次，仔兔每天服2～3次，每次剂量逐渐减少，用滴管注入口腔。

第三十五节　兔 肾 炎

【病因】

家兔肾炎一般认为与下述因素有关：细菌性或病毒性感染；邻近器官的炎症蔓延，如膀胱炎、尿路感染等；中毒，如松节油、砷、汞等；环境潮湿、寒冷、温差过大；过敏反应。

【主要临床症状】

急性肾炎：病兔精神沉郁，体温升高，食欲减退或废绝；常蹲伏，不愿活动，强行活动时，跳跃小心；排尿次数增加，尿量减少，甚至无尿；病情严重的可出现尿毒症症状。

慢性肾炎：多由急性转化而来，全身症状不明显，主要表现排尿量减少，体重逐渐下降，眼睑、胸腹或四肢末端出现水肿。

病理学检查，尿中蛋白质量增加，尿沉渣检查可发现红细胞、白细胞、肾上皮细胞和各种管型。

【防治】

使用抗生素药物抗菌消炎，如青霉素G钠，肌内注射，每天3次；或卡那霉素，肌内注射，每天3次，连用5天。

泼尼松，静脉注射；或地塞米松，肌内或静脉注射，每天1次。

对症处理：为消除水肿，可用利尿剂，如呋塞米，内服或肌内注射；有尿毒症症状时，可静脉注射5%碳酸氢钠注射液；尿血严重的可应用止血药，如安络血注射液，肌内注射，每天1～3次，或维生素K_3注射液，肌内注射，每天2～3次。

第三十六节　兔膀胱炎

【病因】

本病常见于化脓杆菌和大肠杆菌经血液循环或从尿道侵入膀胱而引起感染；阴道、子宫、尿道、输尿管等邻近器官炎症的蔓延，也易引起本病发生；同时，由于寒冷感冒引发的急性传染病也可继发本病。

【主要临床症状】

排尿异常，尿频而少，或不断呈点滴状流出。触压膀胱，病兔抗拒，膀胱空虚。轻症时，全身症状不明显；重症时，可见精神沉郁，体温升高，食欲减退或废绝。出血性膀胱炎时可见贫血症状。

病理学检查，尿沉渣可见红细胞、白细胞和膀胱上皮细胞。

【防治】

使用抗生素药物抗菌消炎，如青霉素G钠，肌内注射，每天3次；或卡那霉素，肌内注射，每天3次，连用5天。

地塞米松或泼尼松，静脉注射或肌内注射，每天1次。

第三十七节　兔癫痫

【病因】

1.原发性癫痫　与遗传因素有密切关系，发作时可以无任何征兆，也可能因突然的声响、光照或受到惊吓而发病。

2.继发性癫痫　常见于脑炎、脑内寄生虫、脑内肿瘤等，以及低血糖、尿毒症、外耳道炎、电解质失调和某些中毒病。

【主要临床症状】

1.患兔突然倒地，意识丧失，肢体出现强直性痉挛，瞳孔散大失去对光的反射。

2.牙关紧闭，口流白沫，呼吸先停止，随后急迫，屎、尿失禁。一般持续半分钟或数分钟后症状自行缓解，痉挛逐渐消失，呼吸变为平稳，意识恢复，自动站起。但刚恢复后的病兔，仍有软弱无力、神态淡漠的表现。

3.本病病程较长，经常反复发作。频度不断增多、发作时间逐渐增长的病例，预后不良。

【防治】

病兔要保持安静，避免各种意外的刺激。原发性发病时，主要对症治疗，可采取镇痉疗法，可口服三溴合剂（溴化钾、溴化钠、溴化铵各等份）或静脉注射安溴合剂。继发性发病时，及时治疗原发病。

第三十八节　兔中暑

【病因】

家兔被毛厚，汗腺少，是依靠呼吸散热的家畜之一。且兔的肺不发达，呼吸强度低，当夏季持续高温时，家兔散热困难，极易发生中暑。

【主要临床症状】

1.病兔萎靡不振、全身无力、站立不稳、头部摇晃、四脚撑开、烦躁不

安、体温持续升高。

2.心跳加快，呼吸急促、困难，食欲废绝，常卧，四肢抽动，眼球突出。

3.口腔、鼻腔充血潮红，唾液黏稠，甚至有血丝。死前发出尖叫，有的盲目奔跑、四肢发抖，最后昏迷不醒，直至死亡。

【防治】

1.预防　高温季节要打开门窗进行通风换气，必要时安装风扇；露天兔场搭盖遮阴棚；降低饲养密度；减少精料喂量，补喂食盐，适当提高饲料中维生素C的含量，多喂碳水化合物饲粮；供应充足的饮水，但要预防兔腹泻。

2.治疗

（1）立即将病兔移至阴凉通风处，用冷毛巾敷头，每隔4～5分钟更换一次；如轻微中暑，可用清凉油或风油精擦鼻端，使其兴奋清醒；用十滴水加温开水灌服或口服人丹；症状较重者，可在其耳朵两边的大静脉、尾尖、脚趾等处，用小针放血。

（2）枝子、连翘、金鸡脚、木防己、积雪草、白茯苓，煎汁灌服。金鸡脚、积雪草、金银花煎水喂服，每天2～3次。

第三十九节　兔应激综合征

兔应激综合征是兔机体受到内外非特异性有害因素的刺激所表现的防御反应和机能障碍。

【病因】

1.常由不同的刺激因素引起，如运输、拥挤、噪声、惊吓、空气污染等。

2.饲料、饲养管理、环境的突然改变。

3.过饥过渴、过冷过热、光线强度不宜及其他动物的骚扰等。

【主要临床症状】

烦躁不安，心跳、呼吸加快，体温下降，精神极度沉郁，可见黏膜发绀，四肢痉挛，大小便失禁，短时间内呻吟并出现角弓反张，有时惨叫而死。轻者食欲减退、腹泻，大便中有较多肠黏膜，肛门外粘有较多粪便，毛粗乱无光，进行性消瘦，孕兔有流产等症状。

【主要剖检病变】

1.心肌松弛，颜色偏白，内膜有散在性大小不一的出血点，部分病例可见肝脏肿大、胆囊破裂。

2.肺脏肿大，切面有多量水样的泡沫潴留，气管与支气管内膜有出血点或淤血斑。

3.少数病例肾皮质有散在性针尖大乃至小米粒大的出血点。膀胱黏膜可见有散在性针尖大的出血点。

4.大脑表面血管呈树枝状充血，皮层血管充血，有的破裂。

【防治】

1.预防

（1）加强饲养管理，科学饲养，提高日粮中维生素E的含量，供给营养全面的日粮，同时注意减少各种应激因素。

（2）严格执行防疫程序，做好预防注射，搞好兔舍卫生，定期消毒，防止疫病传播。

2.治疗　有应激预兆时，应立即解除应激因素，适当添加矿物质和微量元素，加倍添加维生素的用量。

第九章　兔中毒病和代谢病

第一节　兔中毒概述

兔中毒是由于人们在饲养过程中饲料选择不当，家兔采食了被农药污染的饲草、有毒植物、饲料中有毒物质或药物引起的中毒性疾病。该病发病急，死亡率高。

【病因】

1.有机磷农药中毒　家兔采食了敌敌畏、乐果、马拉硫磷等有机磷农药喷洒过的农作物、蔬菜等植物，造成兔中毒甚至死亡。

2.亚硝酸盐中毒　在潮湿闷热的环境中长时间堆放后的青绿多汁蔬菜或鲜饲料（白菜、萝卜叶、玉米苗等）中的硝酸盐即可转化为亚硝酸盐，家兔大量采食这样的青饲料就会引起中毒。

3.有毒植物中毒　易混在饲草中的有毒植物有断肠草、毒芹、夹竹桃、天南星、颠茄、曼陀罗花、藜芦、狗舌草、土豆秧、土豆芽等。家兔采食含氰及氰化物的红三叶草、木薯、枇杷的叶和种子、新鲜高粱、玉米幼苗可引起中毒。家兔采食含龙葵素的发芽或腐烂的马铃薯或其茎叶也可引发中毒。

4.棉酚中毒　常见的是棉籽饼中毒。因为棉籽饼中含有游离棉酚等有毒成分，兔长期过量采食会引发中毒。

5.霉菌毒素中毒　家兔采食含黄曲霉素等霉变饲料，发生中毒。

6.食盐中毒　当兔饲料中食盐含量偏高，或者食盐颗粒偏大、混合不均，会导致兔发生食盐中毒。

7.药物中毒　养兔户滥用药物（喹乙醇、磺胺类药物、氯苯胍、土霉素等）引起家兔中毒。

【主要临床症状】

一般食欲较好、体型较大的青壮年兔最先发病，并且发病兔体温一般正常或偏低。

1.有机磷农药中毒 兔流涎，口吐白沫，腹痛，肌肉震颤，抽搐，呼吸困难，瞳孔缩小，体温多数下降，昏迷等。

2.亚硝酸盐中毒 流涎，呕吐，腹痛，腹泻，体温下降，呼吸困难，步态不稳，耳郭呈乌青色。

3.有毒植物中毒 呕吐，流涎，腹痛，腹泻，知觉消失，麻痹昏睡，呼吸困难等，严重者可因心力衰竭而死亡。另外，毒芹中毒的兔腹部膨大，由头部开始至全身痉挛，脉搏增快，呼吸困难；曼陀罗花中毒呈现初期兴奋，后期衰弱、痉挛及麻；马铃薯中毒患兔流涎、拒食、腹泻，便中常混有血液，四肢、阴囊、乳房、头颈部出现疹块，后期出现进行性麻痹；氰及氰化物中毒兔口腔黏膜呈鲜红色，口吐白沫，呼出的气体带有杏仁味，麻痹，衰弱，呼吸停止等。

4.棉酚中毒 病兔精神沉郁，体温正常或略升高，呼吸困难，食欲减退，有轻度震颤，胃肠功能紊乱，先便秘后腹泻，粪便中常混有血液，排尿带痛，尿液呈红色。

5.霉菌毒素中毒 呕吐，腹泻，抽搐，呼吸困难，食欲和饮欲废绝，脱水，昏睡，黄疸，繁殖机能降低。

6.食盐中毒 口渴、流涎，病初兴奋不安，头部震颤，步样蹒跚，腹泻，粪便带血，最后痉挛，角弓反张，呼吸困难，昏迷。

【主要剖检病变】

1.有机磷农药中毒家兔胃肠黏膜充血、出血，内容物有蒜臭味，肺水肿。

2.亚硝酸盐中毒兔血液呈黑红色或咖啡色并凝固不良，肠胃黏膜充血、肿胀。

3.食盐中毒病兔胃肠黏膜表现出血性炎症，肝脏、脾脏、肾脏肿大。

4.棉酚中毒患兔胃肠道表现出血性炎症，肾脏肿大，皮质有点状出血。

5.霉菌毒素中毒病兔胆囊胀大，肝有的肿大、质脆，有的呈土黄色，有的胃浆膜上有溃疡斑，胃黏膜有大量的出血点，胃内有时充满褐色液体，小肠壁薄、鼓气，肾皮质部淤血、出血，髓质部有出血点或肾水肿，膀胱积尿，肺充血、淤血，有肝样病变或气肿，气管内有时有多量的泡沫等。

【治疗】

1.停喂可疑饲料。用2%硫酸铜溶液灌服催吐，使毒物迅速排出体外。用淀粉糊、活性炭粉拌水配成的流体、液体内服，减少毒物在兔体内的吸收，20～30分钟后再用盐类泻剂，使肠道内毒物排出体外。对已进入体内的毒物应采取洗胃、吸附、轻泻和灌肠等措施。

2.使用特效解毒药。有机磷农药中毒给予特效解毒药解磷定和阿托品，解磷定静脉或皮下注射；硫酸阿托品注射液皮下注射。亚硝酸盐中毒可用1%亚甲蓝，静脉注射。氰及氰化物中毒，可用亚甲蓝解毒。棉酚中毒可用硫酸亚铁稀释液灌服。

3.对症治疗。未查明毒物或已查明毒物但无特效解毒药时应采用对症治疗：兴奋不安时用氯丙嗪镇静；心力衰竭、呼吸困难时用安钠咖，同时静脉注射葡萄糖注射液及适量的维生素C。

4.口服绿豆汤、甘草水或淘米水等。

第二节　有机磷农药中毒

有机磷农药中毒是由于兔接触、吸入或误食被有机磷农药污染的饲草、饲料或驱虫时用药不当而引起的中毒，以瞳孔缩小、肌纤维震颤和中枢神经系统紊乱为特征。有机磷农药是一类种类多、效能高、用途较为广泛的农药，常引起家兔中毒的有敌百虫、乐果等。

【病因】

兔采食了喷洒有机磷农药不久的青菜、蔬菜；不按规定的方法和剂量驱除体内、外的寄生虫时均能发生中毒。

【主要临床症状】

1.中毒兔瞳孔缩小，这是本病的一个典型症状。

2.病兔呕吐、腹泻、腹痛，呼吸困难，尿失禁或尿潴留，流涎。

3.肌纤维性震颤，牙关紧闭，颈部强直，甚至全身抽搐，角弓反张。初期兴奋不安，继而抑制，最后呼吸中枢麻痹并陷于昏迷。

【主要剖检病变】

肝、肾等脏器发生不同程度损害，出现水肿、淤血、细胞变性坏死、炎症细胞浸润、脂肪变性等病理变化。肝脏上面有小米粒大小白色病灶，呈点状弥散分布，色泽偏黄，质地较硬；肺脏切面有较多粉红色泡沫；心脏肌肉柔软无力。

【防治】

1.预防　不要用喷洒过有机磷农药的野草、蔬菜喂兔。体表驱虫时按剂量给药，严格控制药物浓度和用量，并注意用药后家兔的表现。

2.治疗　阻止药物继续进入体内，迅速排出胃内容物。用特效解毒剂与对症疗法。早期应用0.1%硫酸阿托品，皮下注射，隔3～4小时重复注射一次；解磷定（或双复磷）、维生素C和10%葡萄糖注射液，混合静脉注射。

第三节　食盐中毒

食盐是维持兔正常生理活动所必需的常量矿物质元素，适量的食盐可以增加食欲，助消化，但一次性采食过量食盐或长期食入高含盐量饲料或饮水可引起中毒，甚至死亡。临床上以神经症状和一定的消化机能紊乱为特征。

【病因】

1.长期用高盐量的鱼粉或者日粮饲喂家兔。
2.饮水中含盐量较高，并长期饲喂家兔。
3.饲料配方中计算错误或生产操作中投料错误，造成食盐添加量过大。
4.食盐颗粒过大或搅拌不均。

【主要临床症状】

病初食欲减退、精神沉郁、结膜潮红、饮水量增加、腹泻，继而出现兴奋不安、步态不稳，严重者呼吸困难，最后常出现全身麻痹、四肢抽搐、角弓反张，若不及时治疗，很快死亡。

【主要剖检病变】

患兔胃黏膜有广泛性出血，小肠黏膜有不同程度出血，肠系膜淋巴结水肿、出血，脑膜血管扩张、充血、淤血、组织器官有大小不一出血点。

【防治】

1.预防　对于日常饮水应检测含盐量，含盐量高的饮水不能直接给家兔饮用。平时应严格掌握食盐用量标准，拌料时必须均匀。日粮中的含盐量不应超过0.5%，平时要供应充足的饮水。

2.治疗　立即停喂含盐量高的饲料或饮水，改喂易消化的饲料，供给无盐饮水或注射10%的葡萄糖溶液，内服油类泻剂。已发生胃肠炎时，用鞣蛋白等保护胃肠黏膜的药。治疗上要注意不能采用硫酸钠（镁）。同时根据症状进行镇静、强心、补液等对症治疗。

第四节　有毒植物中毒

一般情况下，家兔有鉴别有毒植物的能力，但当青草缺乏、饥饿或有毒植物和普通饲草混在一起时，就易误食发生中毒。常见的有毒植物有毒芹、曼陀罗、毛茛、三叶草、车前子、牵牛花、断肠草、马尾连、藜、野山茄子、山槐子、白头翁、苍耳、半夏、夹竹桃、高粱叶、玉米苗、土豆秧和芽、蓖麻叶、烟叶、棉花叶、椿树叶、柳叶、菠菜等。

【病因】

兔误食混在饲草中的有毒植物如牵兔花、断肠草、毒芹、夹竹桃、天南星、颠茄、曼陀罗花、藜芦、狗舌草、土豆秧、土豆芽等。家兔采食含氰及氰化物的红三叶草、木薯、枇杷的叶和种子、新鲜高粱、玉米幼苗可引起中毒。家兔采食含龙葵素的发芽或腐烂的马铃薯或其茎叶也可引发中毒。

【主要临床症状】

有毒植物中毒的症状多种多样，无特征表现，常表现为神经症状，感觉迟钝、失神、嗜睡、眩晕或兴奋不安，前肢或后肢麻痹，瞳孔散大或缩小；食欲减退，呕吐、流涎、腹痛、腹泻、呼吸困难等，可见有血尿，尿量减少或尿闭，或做排尿姿势。有的体温升高，有的体温下降。有的病兔舌苔厚呈黄色或黑黄色，口臭。严重者知觉消失或麻痹、死亡。

【主要剖检病变】

解剖症状不明显，常见胃肠黏膜充血或出血，肝脏质脆，有的变为土黄色。肾脏、脾脏、心肌出血。

【防治】

1.预防　调查了解本地区草原的毒草种类，以引起注意。饲养人员应学会识别毒草，防止误采有毒植物，凡是不认识或怀疑有毒的植物，都要禁喂家兔，防止有毒植物中毒。

2.治疗　怀疑有毒植物中毒时，必须立即停喂可疑饲料。然后给家兔内服黏膜保护剂，如1%鞣酸液或活性炭，并应用5%硫酸钠或人工盐溶液内服，以排出毒物，再给以补液、强心、镇静解痉药物，缓解全身症状。

第五节　菜籽饼中毒

菜籽饼是富含蛋白质等营养的饲料，由于其含有硫苷、芥酸等成分，硫苷在芥酸的作用下，可水解形成噁唑烷硫酮、异硫氰酸盐等物质，对胃肠道黏膜具有较强的刺激和损害作用。长期或大量饲喂未经去毒处理的菜籽饼饲喂家兔，可引起中毒。

【病因】

家兔长期或大量采食未经去毒处理的菜籽饼而引起中毒。

【主要临床症状】

菜籽饼中毒的主要特征是体温升高，温度可达40～41℃，呼吸急促，可视黏膜发绀，出现腹痛、腹泻和血尿。严重的口流白沫，瞳孔散大，常因肾区疼痛呈拱背状，后肢不能站立呈犬坐式。怀孕母兔流产或死产。

【主要剖检病变】

胃肠道黏膜出血、水肿，肾脏肿大。

【防治】

1.预防　饲喂前菜籽饼要进行去毒处理，最简便的方法是浸泡煮沸法，即将菜籽饼粉碎后用热水浸泡12～24小时，弃掉浸泡液再加水煮沸1～2小时，使毒素蒸发掉后再饲喂家兔，或在菜籽饼中加适量0.1%硫酸亚铁溶液，再浸泡24小时以上，去毒后再饲喂家兔。家兔的日粮中菜籽饼的比例应控制在

5%～10%，幼兔和孕兔禁止饲喂。

2.治疗　目前无特效解毒药，发现中毒后，立即停喂菜籽饼，灌服0.1%高锰酸钾溶液，同时辅以解毒、强心、止血、消炎为原则的对症治疗。

第六节　棉籽饼中毒

棉籽饼是家兔日粮中常用的蛋白质原料，但棉籽饼中含有一定量的有毒物质——棉酚，棉酚对胃肠黏膜有强烈的刺激性，并能溶解红细胞，且棉酚在体内排泄缓慢，可对家兔的繁殖能力造成伤害。长期用未经脱毒处理的棉籽饼或添加过多脱毒棉籽饼饲喂家兔都容易引起中毒。孕兔和幼兔对棉籽饼中的棉酚尤为敏感。

【病因】

家兔长期食用未经脱毒处理的棉籽饼或日粮中添加的脱毒棉籽饼过多引起中毒。

【主要临床症状】

本病发生多为慢性，严重中毒时也会很快死亡。病初病兔表现精神沉郁、食欲减退，有轻度的震颤。逐渐发展为食欲废绝，先便秘后腹泻，粪便中常混有黏液或血液，脉搏疾速，呼吸急迫，尿频，有时尿液呈红色。幼兔中毒多表现为腹泻，怀孕母兔中毒表现为流产、死产。

【主要剖检病变】

胃肠道呈出血性炎症。肾脏肿大、水肿，皮质有点状出血。

【防治】

1.预防　棉籽饼需经减毒或无毒处理后才能饲喂家兔。通过在棉籽饼中加入适量面粉或大麦粉，掺水煮沸1小时，可使游离棉酚变为结合状态而失去毒性，在含有棉籽饼的日粮中加入适量的碳酸钙或硫酸亚铁，可在胃内减毒。同时在饲料中应增加青绿饲料、蛋白质、维生素及矿物质等。应严格控制棉籽饼的饲喂量和持续饲喂时间，成年商品兔棉籽饼的添加量不超过8%，繁殖种兔添加量不超过3%。

2.治疗　发现兔中毒后，应立即停喂棉籽饼，病急者灌服6%～8%硫酸镁泻剂清肠，同时在饮水中添加葡萄糖、维生素配合辅助治疗，根据病情再进行强心、补液等对症治疗。

第七节　马铃薯中毒

马铃薯又叫土豆，其嫩绿茎叶、外皮，特别是胚芽里均含有马铃薯毒素，又称龙葵素。如果保存不当引起发芽、变质和腐烂，其龙葵素的含量显著增加。因此，如果把发芽、变质的马铃薯或开花至结绿果实的茎叶饲喂家兔，则易引起中毒。

【病因】

家兔采食发芽、变质的马铃薯或开花至结绿果实的茎叶而引起中毒。

【主要临床症状】

中毒后发病时间长短不一，轻型或慢性中毒主要表现为胃肠炎症状，严重者多出现神经系统功能障碍。

1.慢性中毒　出现沉郁、眼结膜发红、呕吐，有明显胃肠炎症状，出现腹痛、腹胀、腹泻或便秘，粪便中含有黏液或血液；口腔黏膜肿胀、流涎；常在口周围、肛门、四肢、阴户、尾根、乳房发生湿疹或水疱性皮炎；怀孕母兔流产，胃肠黏膜充血。

2.急性中毒　出现明显神经症状，病初兴奋不安，乱撞乱跑，随之转为沉郁，继而发生阵发性痉挛，共济失调，最后麻痹倒地而亡。一般1～2天死亡。

【主要剖检病变】

剖检可见病兔血凝不良，皮肤有红紫斑，胃肠黏膜出血、糜烂，上皮脱落，肾脏充血，肝脏肿大，心内膜出血。

【防治】

1.预防　用马铃薯作饲料时，喂量不宜过多，应逐渐增加喂量。不宜饲喂发芽或腐烂的马铃薯，如要利用，则应煮熟后再喂。煮过马铃薯的水，内含多量的龙葵素，不应混入饲料内，马铃薯茎叶用开水烫过后，方可做饲料。

2.治疗　发现中毒后，立即停喂马铃薯类饲料。对中毒兔先服盐类或油类泻剂，之后根据病情，采取适当的对症措施。对胃肠炎病兔，应用黏浆剂、吸

附剂灌服以保护胃肠黏膜。

第八节　亚硝酸盐中毒

亚硝酸盐中毒是一种常见的中毒症，它可使血红蛋白转变为变性血红蛋白，同时也是血管舒张剂，可引起外周循环衰竭，使中毒家兔因严重缺氧而迅速死亡。常见的青绿饲料如青菜、白菜、包心菜、萝卜叶、玉米幼苗叶、菠菜、甜菜叶、莴苣叶、芥菜、马铃薯茎叶、冬瓜及某些野草、野菜及各种未成熟的小麦、大麦和燕麦、幼嫩时期的植物等均含有大量的硝酸盐，这些青绿饲料在采集后堆放过久或焖煮后缓慢冷却等情况下，均可使硝酸盐还原为亚硝酸盐，使家兔中毒。

【病因】

青绿饲料堆放潮湿发热，腐烂变质，尤其是在潮湿闷热季节。饲料没有摊开晾晒而堆在一起发热，尤其是在 20 ～ 25℃。煮制精饲料时，温度不够高、长时间慢火焖煮，或煮后没有迅速冷却，使其长时间处于适宜细菌生长繁殖的温度范围以内。这些条件均可使硝酸盐还原为亚硝酸盐，家兔采食这些变质饲料后导致中毒。

【主要临床症状】

亚硝酸盐中毒出现症状很突然，呼吸困难且呼吸逐渐加重，快的可在饱食后30分钟内死亡。开始时精神萎靡，肌肉震颤、痉挛、流涎，耳部及鼻子流出淡红色泡沫状液体，眼球突出，可视黏膜呈蓝紫色，呼吸急促、心跳加快，走路摇摆不稳，腹部膨大。病兔体温低下，皮肤青紫，结膜充血、发绀。发病严重者全身痉挛，挣扎不止，呈角弓反张式，最后窒息而亡。

【主要剖检病变】

剖检可见死兔尸僵不全，黏膜呈紫色，血液呈酱油色，血液不凝固。胃肠膨胀，黏膜脱落、充血、出血，肝脏肿大、淤血，心内外膜出血，气管内有大量泡沫样液体，肺充血水肿。

【防治】

1.预防　喂家兔用的青菜等饲料一定要新鲜，不能堆放太久。如果需要煮时，要快速煮熟不能焖的时间过长，凉后要当天喂完，不能隔夜再饲喂。

2.治疗　家兔发病后要立即停喂原料，并给病兔饮用0.1%高锰酸钾溶液。用1%亚甲蓝加入10%葡萄糖溶液分点肌内注射，配合10%维生素C静脉注射。兔群可饮用绿豆甘草汤（绿豆、甘草、石膏，水煎后加白糖，凉后饮用）。

第九节　霉败饲料中毒

霉败饲料中毒病是指家兔食用了被霉菌污染并产生毒素的饲料或饲料原材料而引发的疾病。霉败饲料中毒病多见急性症状，也可见于慢性疾病。目前，已知可产生毒素且对人畜较大的霉菌有30多种。在玉米、大豆、小麦及其他饲料原料储存不当时最易引发此病，最常见的也是危害最大的霉菌有黄曲霉、赤霉菌、长喙壳菌、白霉菌等。由于大多霉菌毒素具有耐热性，在外界环境中不易被破坏，因此家兔霉败饲料中毒病往往不是因单一毒素引起，而是多种毒素共同引发，故一般从临床症状上很难确定是哪一种霉菌毒素中毒。

【病原】

1.黄曲霉毒素　黄曲霉菌是一种真菌，在自然界中广泛存在，尤其喜欢在温暖潮湿的环境中生长繁殖。在玉米、大豆、花生、大麦、小麦等饲料原料变潮、发酵、受热后变质发霉，产生大量毒素，特别是黄曲霉毒素，兔食后引起中毒。

2.赤霉素　赤霉菌是最先在水稻研究中被发现的，后来被证实其广泛存在于自然界中，常见于稻谷、玉米、大麦、小麦、蚕豆等。该菌也是在温暖潮湿的环境中生长繁殖，在繁殖时常产生可以使家兔呕吐的赤霉素。

3.长喙壳菌　长喙壳菌也是一种真菌，即甘薯黑斑病的致病真菌，真菌中的子囊可以产生一种带苦味且有剧毒的物质，这类物质被称为翁家酮、甘薯酮、翁家醇，抗热耐煮，可对胃肠道和其他器官产生刺激作用，作用于神经，使肺泡弛缓、呼吸衰竭、出现严重的呼吸困难。当家兔吃了带毒的甘薯或采食了含毒的甘薯藤，均可引起中毒发病。

【流行特点】

引起家兔霉败饲料中毒的原因较多，主要原因是环境和饲料两方面。存料库和饲养舍封闭、通风不畅，尤其在夏季高温高湿季节，最易引起饲料发霉变质。饲料及原材料，如饲草、玉米、甘薯等在贮存过程中受湿热环境影响，如淋雨或晾晒不彻底而发霉，由此产生霉菌，家兔食用后而发病。另外，还可以因饲养管理方式不当引发，如在夏季增料太多，导致堆积在地面底层的饲料发霉。

【主要临床症状】

1.黄曲霉素中毒　临床多表现为神经症状，常以震颤、迟缓、瘫痪或步态不稳、后肢麻痹或卧地不起、流涎、腹泻为主。发病多呈急性，死亡时间短，死亡数量多、危害面广。典型临床症状初期多表现为精神萎靡，采食量减少或食欲废绝，被毛粗乱，呼吸急促，流涎或吐白沫，口唇及全身皮肤发绀，可视黏膜黄染，随后出现四肢无力，软瘫，全身麻痹、衰竭而死。排带黄绿色、带血稀便，快速脱水，后期排黑色煤焦油状、腥臭粪便。

2.赤霉素中毒　临床常见采食量减少或食欲废绝，逐渐消瘦，眼睑、口腔发紫，被毛粗乱易于掉毛，死亡率较黄曲霉素中毒低。初期排带黏液的球状粪便，后期腹泻，脱水，排黑色粪便。

3.甘薯黑斑病　典型临床症状为肺气肿，发病突然，呼吸困难，精神萎靡，被毛粗乱，口吐白沫，鼻孔中有鼻液流出，肌肉震颤。排带黏液或血液粪便。不采食，阵发性地头往后仰，角弓反张，四肢无力、强直痉挛，或前后摆动呈游泳式，间断发作，心跳较快，之后心脏衰竭、小便失禁，死亡前兴奋不安，最后因窒息而死亡。

【主要剖检病变】

1.黄曲霉素中毒　剖检常见脏器出血；肝脏肿大可达正常大小的2倍，肝脏表面呈淡黄色，有点状出血；胃肠黏膜脱落、坏死；喉头和气管黏膜均见弥漫性出血或环状出血；脑膜有出血；心包积液呈淡黄色或棕红色；肾呈淡灰色，有出血点，肾稍肿大；胃小肠及肺充血、出血。

2.赤霉素中毒　剖检可见肝脏肿大，出血，后期萎缩、变硬，有淡黄色；胆囊肿大，胆汁浓稠，胃内容物较大，黏膜脱落或溃疡、有出血。

3.甘薯黑斑病　剖检可见病理变化主要在呼吸道：气管黏膜充血并有泡沫，肺局部有坏死。胃底部黏膜有出血，黏膜易脱落，其内容物混有黏液或血液。肾水肿，膀胱内充满尿液且有出血。

【防治】

1.预防　科学设计兔舍和饲料储藏室，加强饲养管理，合理储藏饲草，禁止饲喂霉变的饲料。

2.治疗

（1）黄曲霉素中毒　目前尚无特效药物，重在预防。如果发现患兔立即停止饲喂发霉饲料，以新鲜饲料代替。对病兔投喂制霉菌素，每天2～3次。没有药物的情况下，可用大蒜汁灌服，每天2次。另外还可腹腔注射10%葡萄糖溶液。葡萄糖、维生素B₁、维生素K、维生素C、二氯醋酸二异丙胺，混合口服，每天1次。还可以用0.1%高锰酸钾溶液或碳酸氢钠溶液灌肠洗胃，维生素C、5%葡萄糖溶液静注。

（2）赤霉素中毒　无特效药物，重在预防。发现患兔立即停喂发霉饲料，以新鲜饲料代替。患兔用10%葡萄糖溶液和维生素C静脉注射，每天1～2次，连用3～5天。还可灌服中药，其方剂为银花、连翘、蒲公英、甘草、绿豆，加水煎服，连服3天。

（3）甘薯黑斑病　减少或禁用甘薯和茎叶喂兔。前期可用生理盐水，0.1%高锰酸钾溶液，1%过氧化氢溶液，2%碳酸氢钠溶液洗胃、灌肠，然后内服5%硫酸钠溶液，以促进毒物排出。静脉注射5%葡萄糖生理盐水，每天1～2次。

第十节　氢氰酸中毒

氢氰酸中毒是指家兔食入富含氰苷的植物或吸入氢氰酸气体引起中毒，从而发生以呼吸困难和黏膜发红为主要症状的中毒性疾病。

【病原】

氢氰酸，是一种无机化合物，易溶于水、乙醇，微溶于乙醚。在标准状态下为无色带苦杏仁气味的液体，有剧毒。液体易在空气中均匀弥散，在空气中可燃烧，具有爆炸性。

【流行特点】

家兔采食富含氰苷的植物如高粱、玉米幼苗、木薯、红三叶草、亚麻和豆科牧草等，在消化道内由于植物酶水解而释放出氢氰酸，氢氰酸可抑制组织内大约40种酶的活性。氰离子与氧化型细胞色素氧化酶中的三价铁结合，阻断了氧化过程中三价铁的电子传递，使组织细胞不能从血液中摄取氧，导致血液氧化饱和，组织细胞氧缺乏而窒息。

【主要临床症状】

患病家兔表现为呼吸困难，呼出气体带苦杏仁味，神经兴奋，流涎，腹痛，心跳加快，眼结膜、口腔黏膜鲜红，后期抽搐、强直性痉挛、四肢划动，窒息而死亡。

【主要剖检病变】

典型症状剖检胃内容物有明显苦杏仁气味，喉管、胃、肠道充血呈鲜红色，其余脏器出现不同程度出血点。

【防治】

防止家兔采食含氰化物的饲料及草料，尤其是高粱苗、玉米苗或收割后根上的再生苗和木薯等。如发现家兔患病后应第一时间进行治疗。特效解毒药为亚硝酸盐（或亚甲蓝）和硫代硫酸钠。可静脉注射1%亚硝酸钠注射液，之后再静脉注射5%硫代硫酸钠注射液。也可用1%的亚甲蓝代替亚硝酸钠，但效果较差。

第十一节　兔常见用药中毒

家兔常见用药中毒是指在防治家兔疾病过程中，因用量过大、使用方式不当等原因造成的家兔中毒病。

【病原】

常见的有：螨净中毒、三氯杀虫螨醇中毒、马杜拉霉素中毒、土霉素中毒和磺胺二甲嘧啶中毒等。

【流行特点】

1.螨净中毒　在用螨净治疗家兔螨病时，使用量过大、浓度过高，或使用液体药浴后，未采取有效措施防止家兔舔舐，家兔舔食残余药液后引起中毒死亡。

2.三氯杀虫螨醇中毒　在治疗兔疥癣和耳螨病时，因操作不当，使得药液经外耳道进入耳内，引起家兔神经麻痹，临床症状常见家兔歪头、弯颈。

3.马杜拉霉素中毒　马杜拉霉素主要使用于预防家兔的球虫病，其本身是一种抗生素，但因其毒性大，对剂量控制非常严，常使用低于0.000 5%浓度，且须充分混匀。因此在临床使用时，常因剂量把控不严，引起中毒。

4.土霉素中毒　常见病，也是由于在临床使用中，使用时间长、用量过大导致中毒。

5.磺胺二甲嘧啶中毒　家兔常见病，是由于过量或长期服用引起的贫血和广泛性出血的中毒。

【主要临床症状】

1.螨净中毒　家兔主要表现神经症状，兴奋不安、上下跳窜，呼吸困难，瞳孔缩小。

2.三氯杀虫螨醇中毒　轻度中毒的表现为轻度头颈震颤，但很快会痊愈。中度中毒表现为摇头震颤、歪头。深度中毒的，神经麻痹，严重歪头贴地，四肢不协调，采食困难。

3.马杜拉霉素中毒　常呈急性经过，突然死亡。慢性经过表现为食欲下降或废绝，消瘦、精神萎靡，喜伏卧、流涎，运动失调等。

4.土霉素中毒　家兔中毒后，精神沉郁，食欲减退或废绝，消瘦，被毛杂乱，磨牙，腹泻，排黏液样或水样粪便，肛门附近有粪污，尿混浊。严重的呼吸困难，瞳孔散大，倒地四肢划动，最后心力衰竭窒息而死。

5.磺胺二甲嘧啶中毒　症状与土霉素中毒类似。

【主要剖检病变】

以上几种常见用药中毒症剖检均可见胃黏膜出血且易于脱落，脏器不同程度充血肿大。螨净中毒剖检还可见胃内容物散发轻微的大蒜气味；马杜拉霉素中毒剖检可见有心包液，肺水肿、有斑点状出血；磺胺二基嘧啶中毒剖检可见死兔血凝不良，皮下和肌肉出血。

【防治】

1.预防　使用正确的用药方式和严格按照用药规定量使用，不随意增加剂量是预防家兔用药中毒的最好办法。

2.治疗

（1）螨净中毒　严格按照用药规定进行配置和使用。药浴后，务必用干毛巾将兔身体上的残余药液擦干，防止兔因舔食被毛上药液而中毒。应立即对病兔用阿托品和解磷定按照一定的比例，并配合10%葡萄糖溶液耳缘静脉注射。

（2）三氯杀虫螨醇中毒　发现病兔后应视情况，轻症可用浓肥皂水滴入耳内3～5滴，每天2次，连用2天；重症则淘汰。

（3）马杜拉霉素中毒　目前尚无特效解毒药物。发现病兔后，应选用磺胺-6-甲氧嘧啶、氯苯胍和敌菌净等药物，也可采用10%～25%葡萄糖溶液和维生素C混合静注，灌服亦可。用阿托品皮下注射，每半小时1次，连用2～3次。如患兔昏迷则用20%安钠咖肌内注射。

（4）土霉素中毒和磺胺二甲嘧啶中毒　避免长期或过量服用此药，发病后立即停喂，对病兔腹腔注射50%葡萄糖溶液和维生素C，并肌内注射维生素B_{12}，1%碳酸氢钠溶液配用5%葡萄糖溶液进行饮服。

第十二节　灭鼠药中毒

灭鼠药中毒是指因家兔误食入灭鼠药或被灭鼠药污染的饵料引起的中毒。

【病原】

灭鼠药的种类众多，国内常使用的超过20种，根据毒性作用大小可以分为两类：一类是速效药，此类药物毒性大、作用快，包括磷化锌、毒鼠磷、氟乙酸钠、氟乙酰胺、安妥等；另一类是缓效药，此类药毒性相对较小，见效慢，主要有敌鼠钠盐、灭鼠灵等。

【流行特点】

灭鼠药中毒多因饲养人员马虎大意，随意存储和使用灭鼠药，造成饲料、用具及环境的污染，导致家兔误食而中毒。

【主要临床症状】

大多种类的灭鼠药中毒症状相似，主要表现为：精神沉郁，食欲下降或废绝、呕吐，口鼻流出灰色或血样泡沫，腹痛、腹泻、粪便有血液，尿量减少或血尿，瞳孔散大，呼吸困难，心律不齐，后期昏迷、抽搐而死亡。

【主要剖检病变】

剖检可见胃、肠黏膜出血甚至脱落，肺水肿，气管内有泡沫状液体。

【防治】

1.预防　首先要明确所使用的灭鼠药种类及毒性，妥善保存，远离饲料堆放区。在使用时，务必放在家兔日常活动中接触不到的地方，同时，在使用完毕后，要及时将旧药清除干净，严格避免用盛放灭鼠药的器具装料饲喂家兔。

2.治疗

（1）紧急处理法即采取洗胃与促排方式，对于刚中毒的家兔，可用温水、0.1%高锰酸钾溶液反复洗胃；毒物已进入肠道的，要服盐类泻剂如硫酸镁，以促进毒物排出。

（2）针对毒鼠磷或磷化锌中毒可用解磷定、阿托品；敌鼠钠盐中毒可用维生素 K_1，每天 2～3 次肌内注射，连用 5～7 天，同时给予足量的维生素 C 和可的松类激素。治疗要根据实际情况，无治疗意义的，建议及时淘汰。

第十三节　维生素A缺乏症

本病是因为家兔维生素A摄入不足或吸收障碍所引起的代谢性疾病。

【病因】

1.导致本病的主要原因是缺乏富含维生素A或胡萝卜素的青绿饲料，如各种青绿饲料及黄玉米、青干草及胡萝卜。

2.饲料调配、贮存不当，导致饲料中的维生素A受到破坏。

3.家兔自身患有慢性消化道或寄生虫等影响消化的疾病也会引发缺乏症。

4.另外，家兔饲养舍潮湿、饲料中含磷酸盐过多，也能造成维生素A流失。

【流行特点】

本病多发生在冬末春初青绿饲料缺乏的季节。

【主要临床症状】

临床典型症状表现为视觉障碍、生长发育不良、器官黏膜损伤和繁殖机能障碍。眼睛受损在所有日龄兔均可见，常表现为眼干燥症、夜盲症、角膜炎或失明，且皮肤和黏膜干燥。

公兔性欲降低，精量减少；母兔不发情，流产，甚至死产，产出衰弱或畸形的仔兔，典型症状是仔兔无眼球；幼兔呈现生长缓慢或停止、饲料转换率低、被毛蓬松；还可见腹泻、肺炎、胃炎、麻痹和运动功能障碍，严重者死亡。

【主要剖检病变】

机体的上皮细胞受损，可引起呼吸器官和消化器官炎症，泌尿器官黏膜损伤（炎症、感染），能引起尿液浓度、比例关系紊乱和形成尿结石。

【防治】

1.预防

（1）要经常投喂青绿饲料，如胡萝卜、豆科牧草、绿色蔬菜等富含维生素A的饲料。

（2）对于怀孕母兔和幼兔，可以在饲料中添加多维素或维生素A、D添加剂，或加入适量鱼肝油。

（3）注意饲料加工和储藏方法，要考虑饲料在制粒和晾晒、保存过程中的破坏和消耗，不喂酸败变质的饲料。

2.治疗

（1）肌内注射维生素A注射液，1天1次，连用5～7天。

（2）口服鱼肝油滴剂（维生素A、D滴剂），1天1次，连用7天。但应注意，维生素A摄入过多会引起中毒。

第十四节　维生素B_1缺乏症

本病不常见，本病是因为家兔维生素B_1（也称硫胺素、抗神经炎维生素）摄入不足或吸收障碍所引起的代谢性疾病。

【病因】

由于家兔消化道能合成相当数量的维生素B_1，因此，通常情况下维生素B_1缺乏症较少发生。

1.本病主要是因为家兔摄入蛋白质含量严重不足的饲料，或长期单一进食低纤维高糖饲料。

2.抗生素使用频繁，导致家兔消化道微生物菌群紊乱、维生素B_1合成障碍。

3.饲料中添加了吡啶硫胺素可阻断维生素B_1向脑的转运，抑制维生素B_1的焦磷酸化。

4.对饲料进行了热和碱处理，破坏了饲料中的维生素B_1，造成缺乏。另外，家兔长期消化不良，也会影响维生素B_1的吸收。

【主要临床症状】

1.幼兔表现为水肿型，前肢肿胀、生长缓慢、呼吸困难、心跳加快。

2.成年兔及老龄兔表现为神经型，主要症状为运动失调、步态不稳、呼吸困难、心跳加快，后期出现后躯和四肢麻痹，有时倒地、角弓反张。

【防治】

1.预防　在家兔日料中，适量添加米糠、麦麸、豆类和酵母类辅料，对症及时治疗肠道类疾病。

2.治疗　对已经出现症状的病兔，可口服维生素B_1。对严重的病兔可肌内注射丙硫酸铵。

第十五节　维生素B_2缺乏症

本病不常见，指家兔维生素B_2摄入不足或吸收障碍所引起的代谢性疾病。

【病因】

家兔长期摄入缺乏维生素B_2的饲料，或过度煮熟饲料；动物患有消化系统疾病；长期或大量地使用抗生素或其他抑菌药物；母乳中核黄素含量不足等原因可造成家兔维生素B_2缺乏。

【主要临床症状】

幼兔出现生长缓慢、频繁腹泻、贫血、痉挛和虚脱，有的出现口炎、阴囊炎。母兔出现不育或产畸形胎。

【防治】

调整食物种类，合理调配日粮，适当补充动物性饮料和酵母。补充维生素B_2添加剂。对于出现症状的病兔，口服核黄素，每天3次，连用1～2周之后改为预防量。

第十六节　维生素B$_6$缺乏症

本病不常见，指家兔维生素B$_6$摄入不足或吸收障碍所引起的代谢性疾病。

【病因】

家兔一般不会缺乏症维生素B$_6$，因其广泛存在于蛋黄、肉、鱼、豆等各类动、植物性食物中。但是，饲养管理不当、长期饲喂单一饲料等均会造成缺乏症。维生素B$_6$可参与机体的蛋白质代谢，因此，家兔经常摄入富含高蛋白质的日粮时，会使得机体对维生素B$_6$的需要量增多，也容易发生维生素B$_6$的缺乏症。

【主要临床症状】

1.病兔常见皮炎，耳朵周围皮肤增厚有鳞片，鼻端和爪有结痂，眼睛发生结膜炎。患兔运动失调，严重时痉挛、骚动不安、瘫痪最后死亡。

2.母兔不发情或空怀孕、死产。公兔睾丸萎缩、无精子或性能力丧失。仔兔生长发育滞后。

【主要剖检病变】

剖解症状不明显。常见皮服发红、神经系统受损、盲肠现出血点。

【防治】

合理调配日粮，适当添加动物性食品，如鱼粉、肉骨粉、酵母饲料等。适当加入维生素B$_6$制剂可有效预防本病。如果发病，根据兔的生长期进行加药。

第十七节　维生素B$_{12}$缺乏症

本病不常见，指家兔维生素B$_{12}$摄入不足或吸收障碍所引起的代谢性疾病。

【病因】

维生素B$_{12}$又叫钴胺素，是唯一含金属元素的维生素，也是唯一的一种需要肠道分泌物（内源因子）帮助才能被吸收的维生素。饲料中钴、蛋氨酸或可消化蛋白缺乏，长期使用广谱抗生素，家兔胃肠道微生物菌群失调、患慢性胃肠道疾病等均会造成维生素B_{12}缺乏症。此外，仔兔体内合成维生素B_{12}的量太少不能满足其需要，如果从母乳中得不到充足的维生素B_{12}也会发生此病。

【流行特点】

家兔极少发生本病，多呈地区性发生，缺钴地区发病率高。

【主要临床症状】

患兔一般出现食欲减退、生长发育迟缓或停止生长；贫血、营养不良，皮肤粗糙、有的表现为湿疹；消化功能障碍，便秘或腹泻；繁殖机能紊乱，产畸形胎、死产和出生后死亡率增加。

【主要剖检病变】

剖检可见全身贫血，黏膜苍白，肌胃糜烂，肾上腺肿大，腿肌萎缩，有出血点，骨短粗。有的肝肿大呈土黄色，质地脆弱易破裂，呈脂肪肝。

【防治】

合理搭配饲料种类，对于日常主要饲植物性饲料为主的家兔，适量补充鱼粉、肉骨粉和酵母等富含钴的动物性饲料等，在缺钴地区，喂给适量的氯化钴，特别是母兔。避免长期服用抗菌药物。病兔向其饲料中添加维生素B_{12}进行治疗，也可选用氰钴胺素，肌内或静脉注射。

第十八节 维生素D缺乏症

维生素D缺乏症是由于兔外在或自身维生素D摄入或生成不足引起的以钙、磷代谢障碍为主的一种代谢病，幼兔较为多发。病兔主要表现为食欲缺乏、生长缓慢、不愿运动、骨骼畸形和四肢弯曲易骨折。

【病因】

本病常发生于仔兔。当幼兔断奶过早、运动和光照不足，或饲料中钙磷比例不当，摄入维生素D不足，会引发幼兔佝偻病的发生。或怀孕母兔因营养缺乏、光照不良、运动不足以及饲料中缺乏维生素D和蛋白质等时，会引发胎儿发育不良，造成新生仔兔患有佝偻病。

【主要临床症状】

病兔食欲下降，不愿运动，四肢弯曲变形，身体呈匍匐状，凹背。骨骼软化，关节肿大，四肢、脊椎、胸骨等出现不同程度的弯曲。迈步和起立困难，运步强拘，跛行。病兔幼兔生长缓慢甚至停止，成年兔四肢疼痛，易发生骨折。

【防治】

1.预防 饲喂干草可以预防维生素D缺乏症的发生，特以多汁饲料和青饲料经日光晒干后的干草为佳。保证兔充足的运动和阳光照射，促进其体内合成维生素D。不能满足以上条件时，在饲料中添加维生素D以满足兔生长发育需求。同时日粮中注意添加蛋壳粉、骨粉、石头粉等无机盐类，钙、磷比例以2∶1为宜。

2.治疗 ①口服鱼肝油。②口服维生素D制剂。③将钙剂添加在饲料中，每天1次，连用1个月。④配合肌内注射维丁胶性钙注射液，连用3～5天；或用10%葡萄糖酸钙注射液静脉注射，1天2次，连用5～7天。⑤鱼骨、龟板、茜草水煎加红糖，每天2～3次。

第十九节　维生素E缺乏症

维生素E缺乏症是由于家兔体内维生素E不足或摄入障碍引起的一种代谢病。临床表现为白肌病、脑软化病、黄脂、渗出性素质等。

【病因】

1.饲料中维生素E含量不足是引发本病的根本原因，如长期饲喂劣质或变质饲草饲料、饲料加工存储不当（如高温、干燥等）使维生素E遭到破坏而引发本病。

2.饲料中鱼粉、油类添加剂中的不饱和脂肪酸酸败，促使维生素E发生氧化；兔存在肝胆疾病时，导致维生素E吸收不良，诱发本病的发生。

【主要临床症状】

1.渗出性素质：肌肉色淡，典型的白肌病；发育受阻，脑软化病；皮肤黏膜黄疸，黄脂；妊娠率低甚至不孕。

2.肌肉僵直，随后是肌肉无力和萎缩，食欲减少、消瘦，最后全身衰竭而亡。部分兔亦有神经症状出现，转圈、共济失调、伏卧时头弯向一侧，逐渐死亡。

3.繁殖母兔维生素E缺乏时，受胎率下降或不孕、死产、所产仔兔存活率低。

【防治】

1.预防　注重饲喂青绿饲料，可以补充一些大麦芽、苜蓿、植物油等促进维生素E的吸收和产生；同时避免饲喂酸败饲料；在缺硒地区或使用由低硒地区引入的饲料喂养家兔时，要添加硒和维生素E进行补充。

2.治疗　皮下注射维生素E，每天1次，连用3～4天，配合0.1%亚硒酸钠生理盐水溶液皮下注射，维生素E和硒的结合使用对该病治疗效果佳；用维生素E添加剂拌料；在饲料中适量添加各种植物油如豆油、花生油、菜油等有治疗作用；中药疗法可取龟板、骨粉、潞党参水煎口服，每天2次。

第二十节　维生素K缺乏症

维生素K缺乏症是由维生素K缺乏或不足所引起的以凝血机能障碍及怀孕母兔流产为特征的营养代谢病。

【病因】

兔肠道能合成维生素K，通过日常采食一般能满足兔生长的需要。但种兔繁殖时期对维生素K的需求量较大，易造成维生素K的缺乏。饲料中添加大量广谱抗生素、磺胺类药物及家兔肠道患有寄生虫（如球虫）或胆汁分泌不足时，都会引发肠道合成或吸收维生素K的能力受到限制，进而造成兔维生素K缺乏。

【主要临床症状】

1.典型症状为皮肤和黏膜出血，凝血不良，凝血时间延长。

2.其他症状表现为排红色血尿，怀孕母兔流产，病兔心跳加快，食欲缺乏，皮肤和黏膜出血、黏膜苍白，血液色淡呈水样、凝固不良，如有外伤则流血不止，有时还可见到皮下、肌肉和胃肠道出血。

【防治】

1.预防　维生素K广泛存在于青绿饲料中，日常注重青绿饲料的供给，以

满足兔对维生素K的需要。及时治疗一些消化道疾病，慎用及避免长期使用抗生素，防止肠道菌群失调，减少维生素K的损失和避免影响肠道合成维生素K。

2.治疗　肌内注射维生素K_1或维生素K_3，每天1～2次，并配合钙制剂。摄入过多维生素K时则兔表现呕吐、卟啉尿和蛋白尿。

第二十一节　胆碱缺乏症

胆碱缺乏症主要是兔体内胆碱缺乏或含量不足所引起的一种以生长缓慢、贫血、肌肉萎缩、消化不良、运动障碍为主要特征的营养缺乏症。

【病因】

胆碱缺乏症是由于日粮中胆碱缺乏或含量不足而引起的脂肪代谢障碍、生长发育迟缓等。兔对胆碱的需要量较多，长期饲喂胆碱含量低的饲料，或长期应用抗生素和磺胺类药物（这些药物能抑制胆碱在体内的合成），这些情况下胆碱缺乏症的发生率较高。如果饲料中长期动物源性饲料不足，特别是具有生物活性的全价蛋白、叶酸以及维生素B_{12}缺乏更易造成胆碱缺乏。锰缺乏也会导致胆碱缺乏，因为锰参与胆碱的代谢过程。

【主要临床症状】

病兔表现为精神不振、食欲减退、生长发育缓慢、衰弱无力、体重逐渐减轻、皮肤黏膜苍白、肌肉萎缩、消化不良、关节肿大、生产性能降低，逐渐死亡。

【防治】

1.预防　加强饲养管理，给予胆碱丰富的全价饲粮，保证日粮中足量的胆碱含量。

2.治疗　病兔皮下注射氯化氨甲酰甲胆碱，每天1次给药，根据病情确定是否连续用药。如出现药物中毒（表现流涎、心跳急速），使用硫酸阿托品解救。

第二十二节　生物素缺乏症

生物素缺乏症主要是由于家兔体内生物素缺乏或不足所引起的一种以皮炎、脱毛为主要症状的营养代谢病。

【病因】

一般情况下，不会发生本病。家兔持续使用抗生素、磺胺类药物或抗球虫药物可导致生物素的缺乏。

【主要临床症状】

表现为口腔黏膜、耳、颈、尾部等皮肤炎症，出现鳞屑和薄片，背部、唇、眼睑和尾巴脱毛。

【防治】

1.预防　合理搭配日粮，避免长期使用抗生素、磺胺类药物和抗球虫药。避免使用生鸡蛋饲喂兔，蛋清中的卵白素能拮抗生物素，影响其吸收和利用，尤其避免给妊娠母兔饲喂生鸡蛋。

2.治疗　可用维生素B制剂、饲喂富有生物素的啤酒酵母；或肌内注射生物素，每周2次，直到症状消失。

第二十三节　钙磷缺乏症

钙、磷缺乏症是兔常见的一种营养代谢病，各种年龄的兔均可发生，但以妊娠母兔、哺乳仔兔及生长发育期幼兔较为多见。临床症状主要表现为产后瘫痪、骨软症、佝偻病、生长发育不良等。

【病因】

1.维生素D摄入不足是钙缺乏的诱因，长期饲喂缺钙饲料或饲料种植地区土壤缺乏钙，就会出现钙缺乏，特别是怀孕和泌乳期的母兔更易引起本病。

2.如果长期饲喂单一的块根类饲料，内含草酸会导致脱钙。

3.当土壤缺磷时，会造成饲料中也缺磷，不能满足兔的需要，特别是幼兔、妊娠或哺乳期母兔的需要。

4.当饲料中的钙、磷比例为2∶1时，钙磷能很好地结合。钙、磷比例失调也会造成钙、磷吸收障碍等。

【主要临床症状】

1.幼兔主要表现为维生素D缺乏引起的佝偻病症状，及消化紊乱、骨骼变形、发育迟缓、异食等。

2.成年兔表现为骨肿大、走路跛行、骨软症、消化紊乱、异食癖。

3.分娩前后的母兔主要表现为产后瘫痪、难产和仔兔死亡率增高。

【防治】

1.预防　喂给富含钙、磷的饲料，如豆科干草等，或喂给钙、磷补充饲料，并注意调整钙、磷比例（1～2）∶1，还要保证维生素D的含量。对妊娠和哺乳的母兔，加骨粉、贝壳粉或市售钙制剂。同时治疗各类肝、肠道疾病。

2.治疗　静脉注射10%葡萄糖酸钙注射液，每天2次，连用一周。口服碳酸钙或医用钙片。肌内注射维生素D制剂，如维丁胶性钙注射液，每天1次，连续注射一周。对于产后瘫痪兔，可以耳静脉注射10%葡萄糖酸钙，注射后6～12小时病兔如无反应，可重复注射，但一般不能超过3次。对病兔加强护理、多加垫草，天冷时注意保暖，饲料中注意添加优质骨粉。

第二十四节　锌缺乏症

锌缺乏症是由于兔体内锌缺乏或不足导致的发育不良、生长缓慢、被毛脱落、生殖功能障碍等症状的营养代谢病。

【病因】

1.日粮中锌含量不足引发兔摄入锌不足导致锌缺乏。北方缺锌的土壤较多，长期饲喂的牧草和作物锌含量低容易造成本病的发生。不同饲料锌含量不同，高蛋白饲料中锌的含量较多，奶类次之，蔬菜通常含量不多。但是，兔难以消化吸收大豆中的锌。兔患有消化道疾病时会妨碍锌的吸收。

2.此外，饲料中钙、铜、镉、锰等微量元素偏多会干扰锌的吸收，植酸盐、纤维素等过多时，也会影响家兔对锌的吸收。消化机能障碍、慢性腹泻会导致锌摄入不足。

【主要临床症状】

锌缺乏的主要表现是食欲减退、生长发育迟缓、消瘦、有异食癖、免疫力下降。皮肤角化不全或过度角化、被毛脱落、暗淡、产畸形胎等。

1.幼兔生长发育不良，部分被毛脱落，皮肤出现鳞片，口腔周围肿胀、溃疡和疼痛。幼兔成年后繁殖能力丧失。

2.成年兔食欲下降，体重减轻，骨骼发育障碍，皮肤粗糙、增厚、起皱，严重的出现皮炎、被毛褪色甚至脱落。

3.母兔排卵障碍，或分娩时间延长，胎盘停滞，仔兔多数难以存活。公兔睾丸萎缩、精子形成障碍、性机能减退。

【防治】

1.预防　优化饲料配方，保证日粮供给足够的锌，在日粮中添加锌盐（碳酸锌、蛋白锌），饲喂半月以上。锌过量会扰乱铜、铁离子的代谢，导致铜缺乏症。

2.治疗　及时补锌，碳酸锌肌内注射，连用10天以上。也可将碳酸锌溶于水中或拌料，每天1次，连用3周。

第二十五节　铜缺乏症

铜缺乏症是指兔体内铜不足而引起的一种营养代谢病，临床上以被毛脱落、无光、贫血、腹泻、消瘦为特征。好发于土壤缺锰的地区。

【病因】

1.长期饲喂铜缺乏土地如沙土地、沼泽土等生长的牧草和农作物，而且饲料和饮水中铜含量不足。

2.饲料中钼含量过高，会拮抗铜的吸收与利用；其他元素如锌、铁、镉、铅以及硫酸盐过多，亦会影响铜的吸收。

3.此外，如果家兔患有损伤肝脏的疾病也可影响铜在其体内的贮存。

【主要临床症状】

1.病兔被毛褪色，深色毛变浅，如黑色毛变为棕色或灰白色，甚至白色，常发生在眼睛周围、面部及躯体前部和脚部。被毛稀疏、无光泽，严重者脱毛，并发生皮炎。

2.病兔出现腹泻、运动障碍、关节肿大、起立困难、骨骼弯曲、四肢容易骨折、神经机能紊乱等症状。

3.幼兔生长发育迟缓；母兔发情异常、不孕甚至流产，繁殖机能障碍。

【防治】

1.预防　合理搭配日粮，保证维持料中铜含量不低于9.0毫克/千克，繁殖料中铜含量不低于14.0毫克/千克。饲喂微量元素复合剂补充铜。也可扔一块铜块在兔舍内，任其自由舔食，或将铜块置于饮水器内，均可满足兔对铜元素的需要。但不能将硫酸铜加入饲料中，分布不均匀的硫酸铜会腐蚀兔的消化道，同时铜的含量过多也会影响兔的生长，造成生长抑制。

2.治疗　补铜，口服1%的硫酸铜，每周1次，连用3周。

第二十六节　镁缺乏症

镁缺乏是兔低血镁所致的以脱毛、食欲下降、感觉过敏、精神兴奋、肌肉强直或痉挛为特征的一种营养代谢病。

【病因】

兔食入的牧草中镁含量在0.04%以上就能满足兔对镁的需要。低镁的土壤、施重氮钾肥的土壤、土壤pH太高或太低均会影响植物中镁的含量。夏季雨后生长的幼苗中镁的含量较低，饲用会造成机体摄入镁不足。当饲料中不饱和脂肪酸过多可与镁形成皂盐，或牧草中钾、氮过多，影响镁的吸收而易诱发本病。泌乳、不良气候和低钙血症也是本病发生的诱因。

【主要临床症状】

幼兔容易患病。主要表现为背部、四肢和尾巴脱毛，被毛粗乱、无光泽，惊恐不安，狂乱奔跑，精神兴奋，肌肉震颤，感觉敏感，轻微刺激亦会引起强烈反应。食欲减退、体重下降，急躁、心动过速，生长停滞、惊厥。

【防治】

1.预防　保证叶绿素多的植物的供给，饲料中每100克饲料中含镁不低于8毫克，可避免该病的发生。过多地摄入镁，也会引起腹泻。

2.治疗　给病兔多点皮下注射10%硫酸镁注射液；饲料中添加氯化镁，连喂3天。

第二十七节　锰缺乏症

锰缺乏是由于兔体内锰含量不足所致的一种营养代谢病，临床表现以生长发育不良，前肢弯曲，骨骼变脆，骨质疏松，繁殖能力下降为特征。

【病因】

锰的主要来源是植物性饲料。日粮中含量低于2.5毫克/千克时，即可引起家兔发生锰缺乏症。此外，饲料中钙、磷、铁、钴等元素过多均可影响锰的吸收和利用而诱发本病。饲料中的胆碱、烟酸、生物素、维生素B_2、维生素D等不足时，兔体内对锰的需求也会相应地增加。

【主要临床症状】

兔生长发育缓慢，被毛干燥，四肢骨骼和关节畸形，前肢弯曲，肱骨短而脆，母兔发生繁殖障碍。仔兔锰缺乏时，食欲减退甚至废绝，体质虚弱、消瘦，关节肿大、站立姿势异常、站立困难，跛行，有的仔兔出生前即发生肢腿弯曲。成年兔锰缺乏时，性周期延迟、不发情或弱发情。母兔卵巢萎缩，排卵停滞，受胎率降低或不妊娠。妊娠母兔胎儿被吸收、死产。公兔睾丸萎缩，性欲减退，精液质量下降。

【防治】

1.预防　改善饲养管理，供给含锰丰富的青绿饲料，日粮锰含量每千克达到30 ～ 50毫克可有效地防止本病的发生。锰的摄入主要依赖于植物饲料，动物饲料中锰含量较低。

2.治疗　病兔日粮中添加硫酸锰，连续用15天；或饮用1∶3 000的高锰酸钾溶液，均有明显的治疗效果。

第二十八节　脱毛症

【病因】

1.兔脱毛的原因很多，其中最主要的原因是饲料营养缺乏，特别是蛋白质和维生素不足，还有缺乏微量元素钙、磷，尤其是镁等矿物质，降低了家兔抵

抗此病的能力。

2.体表寄生虫、真皮内霉菌寄生以及菌丝蔓延也可导致脱毛。

3.当夏季天气炎热，兔食欲下降影响营养的摄入，也可引起脱毛。

4.个别兔有拔（吃）自身毛的恶癖以及与笼具和饲料盒的摩擦而发生脱毛。

5.春季3—4月，秋季9—10月，是兔季节性的生理性换毛时期。

【主要临床症状】

脱毛部位多以大腿两侧、背部、额部多见。有的长不出新毛，有的长出新毛也易于折断，严重的整个背部不长毛。皮肤呈浅红色。

【防治】

1.预防　加强饲养管理，平时要经常检查笼具，注意笼具的光滑度，减少兔毛不必要的损失；多喂含硫氨基酸和维生素A较丰富的青绿饲料，如苜蓿、胡萝卜等，以保证兔毛生长必需的营养成分。毛用兔剪毛、拔毛交替进行。夏天要采取降温措施和保证充足的饮水。

2.治疗　发病后，要结合脱毛症状进行综合判断分析。应先从营养的角度考虑，然后再从疾病方面找原因。营养性缺乏引起的脱毛，可将病兔身上毛根拔光，不久就可以长出新毛；在患部擦1次煤油，1周后，毛根自行脱落，也会长出新毛。也可以用米诺地尔药剂内服和对脱毛部位局部涂擦，米诺地尔连喂50日，患部每天涂擦1次药，连续一月，共进行3个疗程。疥癣病引起的脱毛用阿维菌素注射或"兔癣一次净"涂搽可根除。同时做好兔舍、兔笼的消毒工作。对于细菌引起的皮炎，一般采用1%～3%的过氧化氢或0.1%的高锰酸钾溶液洗涤患部，并配合敏感药物给予全身治疗。

第二十九节　妊娠毒血症

本病是孕兔妊娠后期常见的一种糖和脂肪出现代谢障碍的营养代谢性疾病，致死率很高，经产兔和肥胖母兔多发。

【病因】

病因尚不完全清楚，目前认为主要与营养失调和运动不足有关。品种、年龄、肥胖、胎次、怀胎过多、胎儿过大、妊娠期营养不良及环境变化等因素均可影响本病的发生。此外母兔的生殖机能障碍、子宫肿瘤等，可导致内分泌机能失调，诱发本病。

本病的发生首先是体内肝糖原被消耗，接着动员体脂去调节血中葡萄糖平衡，结果造成大量脂肪积聚于肝脏和游离于血液中，造成脂肪肝和高血脂，肝功能衰竭，有机酮和有机酸大量积聚，导致酮血症和酸中毒；大量酮体经肾脏排出时，又使肾脏发生脂肪变性，导致有毒物质更加无法排出，造成尿毒症；同时因机体不能有效地调节葡萄糖平衡而出现低血糖。因此，妊娠毒血症是酮血症、酸中毒、低血糖和肝功能衰竭的综合征。

【主要临床症状】

轻者症状不明显，重者可见精神沉郁、呼吸急促、食欲减退，常出现不同程度的神经症状；尿量严重减少，色黄如油状；呼出气体有酮味。死前可发生流产、共济失调、惊厥及昏迷等症状。血液学检查可见非蛋白氮升高、钙减少、磷增加，丙酮试验呈阳性。

【防治】

1.预防　在妊娠后期防止营养不足，应供给富含蛋白质和碳水化合物并易消化的饲料，不喂劣质饲料。同时应避免突然更换饲料及其他易导致家兔应激的因素。对肥胖、怀胎过多过大，以及易发生该病的品种，可在分娩前后适当补给葡萄糖，可防止妊娠毒血症的发生与发展。

2.治疗　原则是补充血糖、降低血脂、保肝解毒、维护心肾功能。首先可静脉注射25%～50%葡萄糖，同时可静脉注射维生素C，肌内注射维生素B_1、维生素B_2。重症病兔使用可的松类药物，调节其内分泌机能。

第三十节　新生仔兔低血糖症

新生仔兔低血糖症，也称新生仔兔不吃奶症，是出生后仔兔血糖急剧下降的一种代谢性疾病。多发生于怀孕期尤其是怀孕后期营养不平衡的母兔所产的2～3日龄仔兔，往往在一窝内，部分或全部仔兔相继发病。症状主要表现为虚弱、平衡失调、体温下降、肌肉不自主运动，甚至惊厥死亡。

【主要临床症状】

仔兔突然不吮乳、皮肤凉而发暗、全身绵软无力，有的迅速死亡，有的出现阵发性抽搐，最后于昏迷状态下死亡。病程一般为2～3小时，如不及时治疗死亡率可达100%。

【治疗】

1.预防　母兔怀孕期，尤其是怀孕后期，每天除喂3次青绿饲料外，应补饲玉米、大麦等富含碳水化合物的精饲料和适量的食盐与骨粉，天气好时将其放出晒太阳和运动，产后供给母兔8%的食糖溶液，任其自由饮用，可有效防止该病的发生。

2.治疗　发病早期及时治疗，20%～50%葡萄糖溶液内服，2～3小时一次，也可用10%葡萄糖溶液腹腔注射，每隔4～6小时1次，连用2～3天，或灌服白糖水有良好的疗效。

参 考 文 献

白国勇, 2003. 兔常见病的特点及防治技术 (三)[J]. 四川畜牧兽医(1): 145.

白国勇, 2003. 兔常见病的特点及防治技术 (四)[J]. 四川畜牧兽医(2): 146.

曹树泽, 刘尚高, 甘孟侯, 等, 1986. 兔病毒性出血性肺炎 (暂定名) 调查研究初报 [J]. 中国兽
    医杂志, 12(4): 9-11.

常福俊, 2010. 入冬谨防兔流行性肠炎 [J]. 北方牧业(23): 24.

陈斌, 周明忠, 王泽洲, 等, 2020. 四川兔病毒性出血症 2 型的分子生物学诊断 [J]. 四川畜牧兽
    医, 47(6):30-32.

杜念兴, 徐为燕, 刘胜江, 1986. 一种新病毒——兔出血症病毒的鉴定初报 [J]. 病毒学报, 2(2):
    146-152.

杜念兴, 徐为燕, 刘胜江, 等, 1991. 兔出血症研究 [J]. 中国农业科学, 24(1): 1-10.

冯振兴, 2019. 中西医结合治疗兔感冒 [J]. 中兽医学杂志 (6): 110.

高文玉, 2012. 幼兔腹泻主要病因分析与综合防治 [J]. 黑龙江畜牧兽医(13):108-110.

顾宪锐, 2017. 兔常见病诊治彩色图谱 [M]. 北京 : 化学工业出版社 .

韩李阳, 2020. 家兔高传染性疾病的诊断与防治 [J] 河南畜牧兽医, 4(41): 49.

贺娜, 2019. 夏秋季节兔常发传染病的防控 [J]. 中国养兔(4): 37-38.

呼延含蓉, 李晓慧, 宫江, 等, 2008. 兔黏液瘤病的研究进展 [J]. 吉林畜牧兽医, 29(8): 16-17.

胡永献, 刘朝玉, 2012. 兔病毒性疾病的传播特点及防控措施 [J]. 中国养兔(11): 22-23.

吉传义, 杜念兴, 1992. 兔出血症病毒细胞培养的初步研究 [J]. 病毒学报, 8(3):252-256.

蒋启荣, 黄东宣, 罗筑鸣, 2006. 幼兔腹泻的诊断与防治 [J]. 中国兽医杂志(3):54-55.

晋爱兰, 2006. 兔乳房炎的病因及防治 [J]. 中国养兔(1) :31-32.

李建忠, 2017. 兔毛球病防治技术 [J]. 科学种养(3) :46.

李娇, 王艳, 王文秀, 等, 2015. 我国兔病毒性出血症疫苗研究与应用进展[J]. 中国养兔(3): 21-25.

李明勇, 逢淑梅, 丁风强, 等, 2021. 家兔病毒性出血症防治的研究进展[J]. 中国养兔(1): 46-47.

李巧云, 2012. 几种治疗兔病的中草药配方 [J]. 中国养兔(10):45.

李少丽, 邵攀峰, 王斌卿, 等, 2020. 兔病毒性出血症的流行及疫苗应用 [J]. 中国养兔(5) :15-16.

李天芝, 于新友, 沈志强, 2017. 兔病毒性出血症病毒样颗粒疫苗研究概况 [J]. 中国养兔(4):
    23-26.

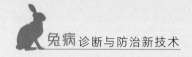

李孝永, 2014. 兔纤维瘤病的诊断 [J]. 养殖技术顾问 (4): 70.

李亚杰, 窦春旭, 史成波, 1999. 兔毛球病防治 [J]. 黑龙江畜牧兽医 (2): 47.

梁璐琪, 李敏, 杨曦, 等, 2021. 四川省金堂县兔病毒性出血症 2 型的流行病学调查 [J]. 四川畜牧兽医, 48(02): 19-24.

林敦苏, 2014. 兔乳房炎的临床症状和防治 [J]. 养殖技术顾问 (3): 64.

刘怀然, 陈洪岩, 李昌文, 2003. 兔病毒性出血症基因工程苗研究概况 [J]. 动物医学进展, 24(5): 7-9.

刘胜江, 薛华平, 徐为燕, 等, 1984. 兔的一种新病毒病——兔病毒性出血症 [J]. 畜牧与兽医 (6): 253-255.

刘长浩, 孙寿朋, 邱本文, 等, 2019. 兔瘟基因工程疫苗临床应用效果浅析 [J]. 中国养兔 (3): 33-34.

龙永泉 蒲绍林, 2014. 一起兔轮状病毒的诊断 [J]. 云南畜牧兽医 (4): 35-36

马玉复, 2013. 兔痘的临床症状及剖检特征 [J]. 养殖技术顾问 (11): 211.

牛桂锋, 2021. 兔病毒性出血症诊断与防控的研究进展 [J]. 中国动物保健 (6): 64-65.

牛建新, 2008. 冬季如何防治兔肺炎双球菌病 [J]. 特种经济动植物 (1): 20.

浦伯清, 许海祥, 周熥, 1984. 无锡地区家兔爆发一种病毒性传染病 [J]. 上海畜牧兽医通讯 (6): 15-16.

戚晨伟, 李楠田, 1990. 兔病毒性出血症 [J]. 上海实验动物科学, 10(4): 215-218.

任克良, 2018. 兔病诊治实用技术 [M]. 北京: 中国科学技术出版社.

任永军, 杨泽晓, 邝良德, 2020. 齐卡巨型兔结膜炎病症细菌学研究 [J]. 中国养兔 (2): 7-11.

邵靓, 丁梦蝶, 周莉媛, 等, 2020. 兔瘟 2 型诊断与防控 [J]. 四川畜牧兽医, 47(9): 54-55.

邵振宇, 王建国, 高永伟, 2018. 再谈家兔黏液瘤病的诊治 [J]. 兽医导刊, 2: 194-195.

宋秉生, 蒲万霞, 1999. 介绍一种新的家兔疾病-兔流行性肠炎 [J]. 中国养兔杂志 (2): 14-15.

孙文波, 阎庆华, 2014. 兔口腔乳头状瘤和乳头状瘤的诊治 [J]. 养殖技术顾问 (10): 90.

孙志强, 2013. 春季家兔感冒的防治 [J]. 当代畜禽养殖业 (2): 39.

汤少伟, 2010. 兔病毒性出血症研究进展 [J]. 上海畜牧兽医通讯, 5: 21-22.

田克恭, 1993. 兔胸水渗出病 [J]. 上海实验动物科学杂志 (2): 114-115, 122.

王桂莲, 杜传祥, 王桂芳, 等, 2015. 兔腹泻的防治 [J]. 现代农村科技 (18): 40-41.

王宏博, 侯晓莹, 2009. 兔毛球病的防治技术 [J]. 中国养兔 (8): 10-11.

王会良, 2011. 仔兔轮状病毒性腹泻的防治 [J]. 当代畜牧 (1): 20.

王晓平, 2012. 一例兔皮下脓肿的诊治 [J]. 现代农业科技 (13): 292.

王泽洲, 2009. 农家常见兔病防治 [M]. 成都: 四川科学技术出版社.

魏后军, 胡波, 范志宇, 等, 2020. 兔出血症病毒 2 型的分离鉴定与序列分析 [J]. 畜牧兽医科学 (电子版), 36(2): 404-409.

魏焕辉, 2016. 兔痘的诊断方法及防控措施 [J]. 兽医导刊 (22): 148.

肖璐, 于吉锋, 林毅, 等, 2021. 中国首例兔出血症病毒 2 型 (RHDV2/b/GI. 2) 的鉴定及病理学观察 [J]. 中国畜牧兽医, 48(1): 348-355.

徐海涛, 2021. 家兔出现轮状病毒感染症的应对措施研究 [J]. 中国动物保健 (9): 58-59.

徐为燕, 1994. 兔病毒性出血症研究进展及其在国际上的评价 [J]. 南京农业大学学报, 17(3): 47-52.

薛玉华, 2012. 深秋养兔防兔鼓胀病和食毛癖 [J]. 云南农业科技 (5): 57.

颜振, 2018. 母兔的饲养管理 [J]. 河南畜牧兽医 (10): 42.

杨广德, 杨辉, 2009. 兔乳房炎的预防及治疗 [J]. 山东畜牧兽医, 30(12): 95-96.

杨海清, 2017. 兔纤维瘤病的防治 [J]. 中国畜牧兽医文摘, 2(33): 169.

杨龙圣, 薛家宾, 王芳, 等, 2007. 兔出血症发展概况及疫苗研究进展 [J]. 江苏农业科学 (2): 144-147.

云南省兽医防疫站, 昆明市动物疫病预防控制中心, 2003. 动物冠状病毒病 [M]. 昆明: 云南科技出版社.

张丁华, 王艳丰, 2017. 兔健康养殖与疾病防治宝典 [M]. 北京: 化学工业出版社.

张汉俊, 1996. 应用中草药治疗兔拉稀 [J]. 畜禽业 (4): 18.

张虎社, 2013. 浅谈兔肺炎的防治 [J]. 北方牧业 (9): 19.

张夏兰, 王红宁, 张昌菊, 等, 2007. 兔病毒性出血症基因工程苗研究进展 [J]. 中国养兔 (5): 26-30.

张占江, 2016. 兔痘的流行和诊疗方法 [J]. 经济动物 (7): 128-129.

赵朴, 魏刚才, 倪俊娟, 2018. 兔类症鉴别诊断及防治 [M]. 北京: 化学工业出版社.

赵希仑, 2017. 兔出血症病毒 (RHDV) 与兔出血症病毒 2 型 (RHDV2) 的 RT-PCR 检测方法研究 [D]. 成都: 四川农业大学.

郑艳利, 王开, 马红霞, 等, 2013. 兔病毒性出血症疫苗研究进展 [J]. 动物医学进展, 34(3): 95-100.

周述辉, 2013. 家兔肺炎腹泻防治 [J]. 四川畜牧兽医, 40(6): 52.

朱海霞, 张强, 2009. 兔病毒性出血症研究概况及前景 [J]. 中国动物检疫, 26(1): 59-61.

朱艳, 2020. 常见兔腹泻性疾病的防治 [J]. 中国养兔 (1): 29-30, 38.

左志军, 2017. 兔黏液瘤病的防治 [J]. 畜牧兽医 (3): 93-94.

Lavazza A, Capucci L, 高淑霞, 2009. 译家兔的病毒感染 [J]. 中国养兔 (3): 37-43.

Mahar J E, Hall R N, Peacock D, et al, 2018. Rabbit hemorrhagic disease virus 2 (RHDV2; GI. 2) is replacing endemic strains of RHDV in the Australian landscape within 18 months of its arrival[J]. Journal of Virology, 92(2): e01374-17.

Rouco C, Juan A A, Santoro S, et al, 2019. Worldwide rapidspread of the novel rabbit haemorrhagic diseasevirus (GI. 2/RHDV2/b) [J]. Transbound EmergDis, 266(4): 1762-1764.

图书在版编目（CIP）数据

兔病诊断与防治新技术/四川省农业农村厅组编；周明忠，陈斌，王泽洲主编．—北京：中国农业出版社，2022.5

ISBN 978-7-109-30117-7

Ⅰ.①兔…　Ⅱ.①四…②周…③陈…④王…　Ⅲ.①兔病－诊断②兔病－防治　Ⅳ.①S858.291

中国版本图书馆CIP数据核字（2022）第183295号

中国农业出版社出版

地址：北京市朝阳区麦子店街18号楼

邮编：100125

责任编辑：刘　伟　尹　杭

版式设计：杨　婧　　责任校对：吴丽婷　　责任印制：王　宏

印刷：北京缤索印刷有限公司

版次：2022年5月第1版

印次：2022年5月北京第1次印刷

发行：新华书店北京发行所

开本：700mm×1000mm　1/16

印张：14.75

字数：250千字

定价：150.00元